Mohamed Sifi

Convolution généralisée sur le demi-plan

Mohamed Sifi

Convolution généralisée sur le demi-plan

Théorème de la limite centrale, Formule de Lévy-Kintchine et Probabilités indéfiniment divisibles

Éditions universitaires européennes

Impressum / Mentions légales
Bibliografische Information der Deutschen Nationalbibliothek: Die Deutsche Nationalbibliothek verzeichnet diese Publikation in der Deutschen Nationalbibliografie; detaillierte bibliografische Daten sind im Internet über http://dnb.d-nb.de abrufbar.
Alle in diesem Buch genannten Marken und Produktnamen unterliegen warenzeichen-, marken- oder patentrechtlichem Schutz bzw. sind Warenzeichen oder eingetragene Warenzeichen der jeweiligen Inhaber. Die Wiedergabe von Marken, Produktnamen, Gebrauchsnamen, Handelsnamen, Warenbezeichnungen u.s.w. in diesem Werk berechtigt auch ohne besondere Kennzeichnung nicht zu der Annahme, dass solche Namen im Sinne der Warenzeichen- und Markenschutzgesetzgebung als frei zu betrachten wären und daher von jedermann benutzt werden dürften.

Information bibliographique publiée par la Deutsche Nationalbibliothek: La Deutsche Nationalbibliothek inscrit cette publication à la Deutsche Nationalbibliografie; des données bibliographiques détaillées sont disponibles sur internet à l'adresse http://dnb.d-nb.de.
Toutes marques et noms de produits mentionnés dans ce livre demeurent sous la protection des marques, des marques déposées et des brevets, et sont des marques ou des marques déposées de leurs détenteurs respectifs. L'utilisation des marques, noms de produits, noms communs, noms commerciaux, descriptions de produits, etc, même sans qu'ils soient mentionnés de façon particulière dans ce livre ne signifie en aucune façon que ces noms peuvent être utilisés sans restriction à l'égard de la législation pour la protection des marques et des marques déposées et pourraient donc être utilisés par quiconque.

Coverbild / Photo de couverture: www.ingimage.com

Verlag / Editeur:
Éditions universitaires européennes
ist ein Imprint der / est une marque déposée de
OmniScriptum GmbH & Co. KG
Heinrich-Böcking-Str. 6-8, 66121 Saarbrücken, Deutschland / Allemagne
Email: info@editions-ue.com

Herstellung: siehe letzte Seite /
Impression: voir la dernière page
ISBN: 978-3-8417-4934-5

Zugl. / Agréé par: Tunis, Université Tunis El Manar, 1992

Table de matières.

La plupart des travaux sur l'analyse harmonique associée à des opérateurs aux dérivées partielles sont en une variable. Le cas de plusieurs variables est peu étudié.

On considère les opérateurs aux dérivées partielles

$$
\begin{cases}
D_1 & = \dfrac{\partial}{\partial \theta} \\[2mm]
D_2 & = \dfrac{\partial^2}{\partial y^2} + ((2\alpha+1)cothy + thy)\,\dfrac{\partial}{\partial y} - \dfrac{1}{ch^2y}\dfrac{\partial^2}{\partial \theta^2} + (\alpha+1)^2 \\[2mm]
& \text{avec } (y,\theta) \in]0,+\infty[\times\mathbb{R}, \alpha \in \mathbb{R}, \alpha \leq 0.
\end{cases}
$$

Pour $\alpha = n-2, n \in \mathbb{N}, n \geq 2$, les opérateurs D_1 et $D_2 - (\alpha+1)^2$ engendrent avec l'identité l'algèbre $D(\tilde{G}/K)$ des opérateurs différentiels invariants à gauche sur $\tilde{G}/K$, où $\tilde{G}$ est un revêtement universel du groupe $G = U(n-1,1)$ et K le sous-groupe $U(n-1)$ (voir [10, p. 72]).

Pour tout $(\lambda,\mu) \in \mathbb{C}^2$, le système

$$
\begin{cases}
D_1 u & = i\lambda u \\
D_2 u & = -\mu^2 u \\
u(0,0) & = 1, \dfrac{\partial u}{\partial y}(0,\theta) = 0, \text{ pour tout } \theta \in \mathbb{R}
\end{cases}
$$

admet une solution unique notée $\varphi_{\lambda,\mu}$, donnée par

$$
\varphi_{\lambda,\mu}(y,\theta) = e^{i\lambda\theta}(chy)^{\lambda}\varphi_{\mu}^{(\alpha,\lambda)}(y)
$$

où $\varphi_{\mu}^{(\alpha,\lambda)}$ est la fonction de Jacobi.

Posons

$$
\begin{aligned}
\sum & = \{(\lambda,\mu) \in \mathbb{R}, |Im\mu| \leq \alpha+1\} \cup \{(\lambda,\mu) \in \mathbb{C}^2/\mu = i\eta, \eta > 0, \\
\lambda & = \pm(\alpha+2m+1+\eta), m \in \mathbb{N}\}.
\end{aligned}
$$

La fonction $\varphi_{\lambda,\mu}$ est C^{∞} sur $[0,+\infty[\times\mathbb{R}$ et bornée par 1 sur $\sum$.

Pour $\alpha = n-1, n \in \mathbb{N}, n \geq 2$, les fonctions $\varphi_{\lambda,\mu}, (\lambda,\mu) \in \mathbb{C}^2$, sont les fonctions sphériques associées à $(\tilde{G},K)$ (voir [10], [15]).

K. Trimèche [25], a considéré ces opérateurs et étudié une analyse harmonique associée aux opérateurs D_1, D_2 (transformation de Fourier généralisée, Théorème de Plancherel et de Paley Wiener, Opérateurs de Translation Généralisée et Produit de Convolution Généralisé).

Dans ce travail, on considère l'ensemble $M_b([0,+\infty[\times\mathbb{R})$ des mesures de Radon bornées sur $[0,+\infty[\times\mathbb{R}$.

On définit la transformée de Fourier généralisée d'une mesure σ de $M_b([0,+\infty[\times\mathbb{R})$ par

$$
\mathcal{F}(\sigma)(\lambda,\mu) = \int_0^{+\infty} \int_{\mathbb{R}} \varphi_{-\lambda,\mu}(y,\theta)d\sigma(y,\theta), \text{ pour tout } (\lambda,\mu) \in \sum.
$$

Le produit de convolution généralisé généralisé deux deux mesures σ, ν de $M_b([0,+\infty[\times\mathbb{R})$ est donnée par :

$$
\sigma * \nu(f) = \int_0^{+\infty} \int_{\mathbb{R}} \int_0^{+\infty} \int_{\mathbb{R}} T_{(y,\theta)}f(t,\tau)d\sigma(y,\theta)d\nu(t,\tau)
$$

avec $T_{(y,\theta)}$ l'opérateur de translation généralisée associé aux opérateurs D_1, D_2.

On définit les distributions normales (ou de Gauss) associées aux opérateurs D_1, D_2, puis on établit un théorème de continuité de P. Levy. A l'aide de ce résultat et en utilisant un développement limité de la fonction $\varphi_{\lambda,\mu}(y,\theta)$ par rapport à λ et μ, on établit un théorème de la limite centrale associé aux opérateurs D_1, D_2, sont transients.

Le plan de ce travail est le suivant.

Dans le premier chapitre, on rappelle des résultats de K. Trimèche (voir [25]) (analyse de Fourier généralisée, opérateurs de translation généralisée, formule d'inversion, formule de Plancherel et produit de convolution généralisée).

On détermine au deuxième chapitre un développement limité de la fonction $\varphi_{\lambda,\mu}(y,\theta)$ par rapport à λ et μ, on définie les distributions normales associées aux opérateurs D_1, D_2, puis on démontre un théorème de continuité de P. Lévy.

La dernière partie de ce chapitre est consacré a l'énoncé et la démonstration d'un théorème de la limite centrale associée aux opérateurs D_1, D_2.

Au quatrième chapitre, on caractérise les Laplaciens généralisés sur $[0, +\infty[\times\mathbb{R}$, sont transients. Puis, on démontre que les semi-groupes de convolution sur $[0, +\infty[\times\mathbb{R}$, sont transients.

Enfin, on donne une caractérisation des mesures de probabilité indéfiniment divisibles sur $[0, +\infty[\times\mathbb{R}$.

Notons que ce travail est issu des travaux de l'auteur [19] et [19].

Chapitre 1

Analyse harmonique associée aux opérateurs D_1, D_2

On considère les opérateurs aux dérivées partielles

$$
\begin{cases}
D_1 = \frac{\partial}{\partial \theta} \\[2mm]
D_2 = \frac{\partial^2}{\partial y^2} + ((2\alpha + 1)cothy + thy)\frac{\partial}{\partial y} - \frac{1}{ch^2 y}\frac{\partial^2}{\partial \theta^2} + (\alpha + 1)^2
\end{cases}
$$

avec $(y, \theta) \in]0, +\infty[\times\mathbb{R}$ et $\alpha \in \mathbb{R}$, $\alpha \geq 0$.

Les résultats de ce chapitre se trouvent dans [25].

Remarque. Pour $\alpha = n-2$, $n \in \mathbb{N}$, $n \geq 2$, les opérateurs D_1 et $(D_2 - (\alpha+1)^2)$ avec l'opérateur idendité engendrent l'algèbre $D(\tilde{G}/K)$ des opérateurs différentiels invariants sur $\tilde{G}/K$, où $\tilde{G}$ est un revêtement universel du groupe $G = U(n-1, 1)$ et $K = U(n-1)$ (voir [10, Proposition 1.8]).

1.1 Représentation intégrale de Mehler des fonctions propres des opérateurs D_1, D_2

Théorème 1.1 *Le système d'équations aux dérivées partielles*

$$
\begin{cases}
D_1 u(y, \theta) & = i\lambda u(y, \theta) \\[2mm]
D_2 u(y, \theta) & = -\mu^2 u(y, \theta), \quad \lambda, \mu \in \mathbb{C} \\[2mm]
u(0, 0) & = 1, , \frac{\partial u}{\partial y}(0, \theta) = 0, \quad \theta \in \mathbb{R}
\end{cases} \tag{1.1}
$$

admet une solution unique notée $\varphi_{\lambda, \mu}$, de classe C^∞ sur $[0, \infty[\times\mathbb{R}$ donnée par

$$
\varphi_{\lambda, \mu}(y, \theta) = e^{i\lambda\theta}(\cosh y)^\lambda \varphi_\mu^{(\alpha, \lambda)}(y) \tag{1.2}
$$

où $\varphi_\mu^{(\alpha, \lambda)}$ est la fonction de Jacobi définie par

$$
\varphi_\mu^{(\alpha, \lambda)}(y) = {}_2F_1\left(\frac{\alpha + \lambda + 1 + i\mu}{2}, \frac{\alpha + \lambda + 1 - i\mu}{2} ; \alpha + 1 ; -\sinh^2 y\right)
$$

avec ${}_2F_1$ est la fonction hypergéométrique de Gauss définie par

$$
{}_2F_1(a, b, c, x) = \sum_{n=0}^{+\infty} \frac{(a)_n (b)_n}{(c)_n} \frac{x^n}{n!}
$$

5

avec

$$(a)_n = a(a+1)...(a+n-1).$$

De plus, on a

$$\varphi_{\lambda,\mu}(y,\theta) = e^{i\lambda\theta}(\cosh y)^\lambda \varphi_\mu^{(\alpha,\lambda)}(y) = e^{i\lambda\theta}(\cosh y)^{-\lambda}\varphi_\mu^{(\alpha,-\lambda)}(y). \tag{1.3}$$

Démonstration. On pose

$$\varphi_{\lambda,\mu}(y,\theta) = e^{i\lambda\theta}(chy)^\lambda \Psi(y).$$

La fonction $\varphi_{\lambda,\mu}$ est solution du système (1.1) si et seulement si la fonction Ψ est solution de l'équation différentielle

$$\Psi''(y) + [(2\alpha+1)\coth y + (2\lambda+1)\tanh y]\,\Psi'(y) = -\left(\mu^2 + (\alpha+\lambda+1)\right)^2 \Psi(y) \tag{1.4}$$
$$\Psi(0) = 1; \quad \Psi'(y) = 0.$$

En effectuant le changement de variable $z = -\sinh^2 y$, alors $z \in]-\infty, 0[$ et le système précedent s'écrit

$$z(1-z)\varphi(z)\varphi''(z) + ((a+b+1)z-c)\,\varphi'(z) + ab\varphi(z) = 0$$

avec

$$a = \frac{\alpha+\lambda+i\mu}{2}; \quad b = \frac{\alpha+\lambda-i\mu}{2}; \quad c = \alpha+1$$

qui n'est autre que l'équation différentielle géométrique qui d'après [9] a pour unique solution la fonction donnée par

$$\Psi(y) = \varphi_\mu^{(\alpha,\lambda)}(y) = {}_2F_1\left(\frac{\alpha+\lambda+1+i\mu}{2}, \frac{\alpha+\lambda+1-i\mu}{2}; \alpha+1; -\sinh^2 y\right)$$

où ${}_2F_1$ est la fonction hypergéométrique de Gauss.

L'égalité (1.3) est alors une conséquence de [9, 2.9(2)]. □

Remarque. Pour $\alpha = n-2$, $n \in \mathbb{N}$, $n \geq 2$, les fonctions $\varphi_{\lambda,\mu}$ sont les fonctions sphériques associées à $D(\widetilde{G}, K)$ (voir [10, Theorem 2.1]).

Corollaire 1.1 *La fonction $\varphi_{\lambda,\mu}$, (λ,μ) dans $\mathbb{C}^2$, possède le comportement asymptotique suivant, quand y tend vers $+\infty$*

$$\varphi_{\lambda,\mu}(y,\theta) = e^{i\lambda\theta}\left[C_1(\lambda,\mu)e^{(i\mu-\alpha-1)y} + C_1(\lambda,-\mu)e^{-(i\mu+\alpha+1)y}\right](1 + ye^{-2y}O(1)),$$

où C_1 est la fonction méromorphe sur $\mathbb{C}^2$ définie par

$$C_1(\lambda,\mu) = \frac{2^{\alpha-i\mu+1}\Gamma(i\mu)\Gamma(\alpha+1)}{\Gamma\left(\frac{\alpha+\lambda+i\mu+1}{2}\right)\Gamma\left(\frac{\alpha-\lambda+i\mu+1}{2}\right)}. \tag{1.5}$$

Démonstration. D'après la théorie des équations différentielles singulières (voir [8]), on : Pour tout $\mu \in \mathbb{C}$, il existe une unique solution $\phi_\mu^{(\alpha,\lambda)}$ de (1.4) définie et analytique pour $y > 0$, telle que

$$\phi_\mu^{(\alpha,\lambda)}(y) = e^{(i\mu-(\alpha+\lambda+1))y}(1 + ye^{-y}O(1))$$
$$\frac{d}{dy}\phi_\mu^{(\alpha,\lambda)}(y) = (i\mu-(\alpha+\lambda+1))e^{(i\mu-(\alpha+\lambda+1))y}(1 + ye^{-y}O(1))$$

avec $O(1)$ borné lorsque y tend vers $+\infty$.

Si $\mu \neq 0$, alors $\phi_\mu^{(\alpha,\lambda)}$ et $\phi_{-\mu}^{(\alpha,\lambda)}$ sont des solutions linéairement indépendantes de (1.4).

Si $\mu = 0$ alors il existe une solution de (1.4) linéairement indépendante de $\phi_0^{(\alpha,\lambda)}$ et qui se comporte comme $ye^{(i\mu-(\alpha+\lambda+1))y}$ à l'infini.

Supposons que $\mu \neq 0$. Comme $\varphi_\mu^{(\alpha,\lambda)} = \varphi_{-\mu}^{(\alpha,\lambda)}$, alors on obtient

$$\varphi_\mu^{(\alpha,\lambda)}(y) = C_1(\lambda,\mu)\phi_\mu^{(\alpha,\lambda)}(y) + C_1(\lambda,-\mu)\phi_{-\mu}^{(\alpha,\lambda)}(y)$$

l'expression de $C_1(\lambda,\mu)$ est donnée par le [11, Lemma 8].

Ce qui donne le comportement à l'infini de la fonction de Jacobi

$$\varphi_\mu^{(\alpha,\lambda)}(y) = \left[C_1(\lambda,\mu)e^{(i\mu-(\alpha+\lambda+1))y} + C_1(\lambda,-\mu)e^{-(i\mu+\alpha+\lambda+1)y}\right](1 + ye^{-2y}O(1)). \tag{1.6}$$

Le résultat découle des relations (1.2) et (1.6). $\qquad\square$

Corollaire 1.2 *Il existe une constante $k(\lambda,\mu) > 0$ telle que*

$$|\varphi_{\lambda,\mu}(y,\theta)| \leq k(\lambda,\mu), \quad (y,\theta) \in [0,+\infty[\times\mathbb{R},$$

dans les deux cas suivants

1. *$\lambda \in \mathbb{R}$ et $\mu \in \mathbb{C}$ tels que $|Im\mu| \leq \alpha + 1$ avec $Im\mu \neq 0, \pm 1, \cdots, \pm[\alpha+1]$ où $[\alpha+1]$ est la partie entière de $\alpha + 1$.*

2. *$\mu \in \mathbb{C}$ tel que $Re(\mu) = 0$, $Im\mu \geq -(\alpha+1)$ avec $Im\mu \neq 0, -1, \cdots, -[\alpha+1]$ et $\lambda = \pm(\alpha+1+2m+Im\mu)$, $m \in \mathbb{N}$.*

Lemme 1.1 *Pour $\alpha \geq 0$ et $\lambda \in \mathbb{C}$, la fonction hypergéométrique de Gauss ${}_2F_1\left(\alpha+\lambda, \alpha-\lambda\,;\alpha+\frac{1}{2}\,;\sin^2\right)$ $\omega \in [0,\frac{\pi}{2}[$ possède la réprésentation intégrale suivante*

i) Si $\alpha > 0$, on a

$${}_2F_1\left(\alpha+\lambda, \alpha-\lambda\,;\alpha+\frac{1}{2}\,;\sin^2\frac{\omega}{2}\right)$$

$$= \begin{cases} \dfrac{2^\alpha \Gamma(\alpha+1/2)}{\sqrt{\pi}\Gamma(\alpha)(\sin\omega)^{2\alpha-1}} \displaystyle\int_0^\omega (\cos\psi - \cos\omega)^{\alpha-1}\cos(\lambda\psi)d\psi & \text{si } \omega \in]0,\frac{\pi}{2} \\ \\ 1, & \text{si } \omega = 0 \end{cases}$$

ii) Si $\alpha = 0$, on a : ${}_2F_1\left(\alpha+\lambda, \alpha-\lambda\,;\alpha+\frac{1}{2}\,;\sin^2\frac{\omega}{2}\right) = \cos(\lambda\omega)$.

Démonstration. D'aprés [9, 2.4 (2)], on a

$$\frac{1}{\Gamma(c+\mu)}y^{c+\mu-1}(1-y)^{a+b-c+\mu}{}_2F_1\left(a+\mu, b+\mu\,;c+\mu\,;y\right)$$

$$= \frac{1}{\Gamma(c)\Gamma(\mu)}\int_0^y x^{c-1}(1-x)^{a+b-c}{}_2F_1\left(a,b\,;c\,;x\right)(y-x)^{\mu-1}dx,$$

avec $y \in]0,1[$, $Re\mu > 0$, $Rec > 0$.

En posant

$$y = \sin^2\frac{\omega}{2}, \quad \omega \in]0,\frac{\pi}{2}[; \quad x = \sin^2\frac{\psi}{2}, \quad \psi \in]0,\frac{\pi}{2}[,$$

$$\mu = \alpha; \quad c = \frac{1}{2}; \quad a = \lambda; \quad b = -\lambda$$

on obtient i).

La formule

$${}_2F_1\left(\lambda, -\lambda\,;\frac{1}{2}\,;\sin^2\frac{\psi}{2}\right) = \cos(\lambda\omega)$$

donne ii). $\qquad\square$

Lemme 1.2 *Pour $\alpha \geq 0$, $\lambda \in \mathbb{C}$ et $s, y \in]0, +\infty[$ tels que $s < y$, on a*

$$_2F_1\left(\alpha + \lambda, \alpha - \lambda\, ;\, \alpha + \tfrac{1}{2}\, ;\, \tfrac{\cosh y - \cosh s}{2\cosh y}\right)$$

$$=\begin{cases} \dfrac{2^{2\alpha - 1/2}\Gamma(\alpha + 1/2)}{\sqrt{\pi}\Gamma(\alpha)}\dfrac{(\cosh y)^\alpha}{(\cosh(2y) - \cosh(2s))^{\alpha - 1/2}}\displaystyle\int_0^{\omega(y,s)}(\cosh y \cos\psi - \cosh s)\cos(\lambda\psi)d\psi, \\[2mm] \qquad\qquad\qquad\qquad si \quad \alpha > 0 \\[3mm] \qquad\qquad\cos(\lambda\omega(y,s)), \quad si \quad \alpha = 0 \end{cases}$$

avec $\omega(y,s) = \arccos\left(\frac{\cosh s}{\cosh y}\right)$.

Démonstration. Comme $s, y \in]0, +\infty[$, on a $\omega(y,s) \in]0, \frac{\pi}{2}[$ et par suite

$$\sin\omega(y,s) = \frac{\sqrt{\cosh(2y)\cosh(2s)}}{\sqrt{2}\cosh y}.$$

Le résultat découle du lemme 1.1 et des relations (1.8) et (**??**). $\qquad\qquad\square$

Proposition 1.1 *Pour $\alpha \geq 0$ et $\lambda, \mu \in \mathbb{C}$, la fonction $y \to (\cosh y)^\lambda \varphi_\mu^{(\alpha,\lambda)}(y)$ possède la représentation intégrale suivante*
i) Si $\alpha > 0$ et $y > 0$

$$(\cosh y)^\lambda \varphi_\mu^{(\alpha,\lambda)}(y)$$
$$= 2^{\alpha+1}\frac{\alpha}{\pi}(\sinh y)^{-2\alpha}\int_0^y \int_0^{\omega(y,s)}(\cosh y \cos\psi - \cosh s)^{\alpha-1}\cos(\mu s)\cos(\lambda\psi)d\psi ds \qquad (1.7)$$

ii) Si $\alpha = 0$

$$(\cosh y)^\lambda \varphi_\mu^{(0,\lambda)}(y) = \frac{2^{3/2}}{\pi}\int_0^y(\cosh(2y) - \cosh(2s))^{-1/2}\cos(\mu s)\cos(\lambda\omega(y,s))ds \qquad (1.8)$$

Démonstration. D'après [17, p. 149], on a pour $\alpha \geq 0$, $\lambda, \mu \in \mathbb{C}$ et $y > 0$:

$$(\cosh y)^\lambda \varphi_\mu^{(\alpha,\lambda)}(y) = \frac{2^{-\alpha+3/2}(\alpha+1)}{\sqrt{\pi}\Gamma(\alpha+1/2)}\frac{1}{(\sinh y)^{2\alpha}(\cosh y)^\alpha}\int_0^y(\cosh(2y)-\cosh(2s))^{\alpha-1/2}$$
$$\times \quad _2F_1\left(\alpha+\lambda, \alpha-\lambda\, ;\, \alpha+\frac{1}{2}\, ;\, \frac{\cosh y - \cosh s}{2\cosh y}\right)\cos(\mu s)ds.$$

Le résultat découle du lemme 1.2. $\qquad\qquad\square$

Du théorème 1.1 et de la proposition 1.1, on déduit la répresentation de Mehler de la fonction $\varphi_{\lambda,\mu}, (\lambda, \mu) \in \mathbb{C}^2$:

Théorème 1.2 *La fonction $\varphi_{\lambda,\mu}, (\lambda, \mu)$ dans $\mathbb{C}^2$, possède la répresentation intégrale de Mehler suivante*
Pour $\alpha \geq 0$, on a pour $(y, \theta) \in]0, +\infty[\times\mathbb{R}$

$$\varphi_{\lambda,\mu}(y,\theta)$$

$$=\begin{cases} \dfrac{2^\alpha \alpha}{\pi}(shy)^{-2\alpha}\displaystyle\int_0^y\int_{-\omega(y,s)}^{\omega(y,s)}(\cosh y \cos\psi - \cosh s)^{\alpha-1}\cos(\mu s)e^{i\lambda(\theta+\psi)}d\psi d\theta,\ si\ \alpha > 0 \\[4mm] \dfrac{\sqrt{2}}{\pi}\displaystyle\int_0^y(\cosh(2y)-\cosh(2s))^{-1}\cos\mu s(e^{i\lambda(\theta+\omega(y,s))} + e^{i\lambda\,(\theta-\omega(y,s))})ds,\ si\ \alpha = 0. \end{cases}$$

Remarque. Notons que $\varphi_{\lambda,\mu}(0, \theta) = e^{i\lambda\theta}$.

1.2   La formule de produit

Dans ce paragrahe, nous allons tout d'abord écrire la formule de produit pour les fonctions sphériques de la paire $(\widetilde{G}, K)$

Soient $n \in \mathbb{N}$, $n \geq 2$ et $e_1, \cdots, e_n$ une base de $\mathbb{C}^n$. Pour $z, z' \in \mathbb{C}^n$, on pose

$$[z, z'] = -z_1 \overline{z_1'} - \cdots - z_{n-1} \overline{z_{n-1}'} + z_n \overline{z_n'}.$$

Le groupe $G = U(n-1, 1)$ est le groupe des matrices M de $Gl(n, \mathbb{C})$, telles que

$$[Mz, Mz'] = [z, z'], \quad z, z' \in \mathbb{C}^n,$$

on note $\widetilde{G}$ le revetement universel de G.

Soit $K = U(n-1)$ le groupe des matrices $N \in Gl(n-1, \mathbb{C})$ qui laissent invariant le produit scalaire de $\mathbb{C}^{n-1}$

$$< z, z' > = \sum_{j=1}^{n-1} z_j \overline{z_j'}.$$

On pose

$$\Omega_n = \left\{ (\varphi, z) \in \mathbb{R} \times \mathbb{C}^n / [z, z] = 1, \ e^{i\varphi} = \frac{z_n}{1 + |z_1|^2 + \cdots + |z_{n-1}|^2} \right\},$$

le groupe $\widetilde{G}$ agit transitivement sur Ω_n. D'aprés [10, p. 67-70], on peut identifier $\widetilde{G}/K$ à Ω_n.

Soit S^{n-1} la sphère unité de $\mathbb{C}^{n-1}$ et $M = U(n-2)$, alors K agit sur M et l'espace homogène K/M s'identifie à S^{n-1}. On munit S^{n-1} de la mesure $d\sigma_{n-1}$ invariante par K de masse totale

$$\omega_{n-1} = \frac{(2\pi)^{n-1}}{(n-2)!}.$$

En dehors d'un ensemble de mesure nulle, tout élément de Ω_n peut être écrit

$$\xi = \sinh y \, \eta' + \cosh y \, e^{i\varphi} \, e_n, \quad \varphi \in \mathbb{R}; \ y \geq 0; \ \eta' \in S^{n-1},$$

et tout élément de S^{n-1} (sauf peut être un ensemble de mesure nulle) peut s'écrire

$$\eta' = \sin \theta \, \eta'' + \cos \theta \, e^{i\psi} \, e_{n-1}, \quad \psi \in \mathbb{R}/2\pi\mathbb{Z}; \ \theta \in [0, \frac{\pi}{2}]; \ \eta'' \in S^{n-1}.$$

Ainsi la mesure superficielle de S^{n-1} s'écrit

$$d\sigma_{n-1}(\eta') = \cos \theta (\sin \theta)^{2n-5} d\theta \, d\psi \, d\sigma_{n-2}(\eta'').$$

Une fonction f sur $\widetilde{G}$ est biinvariante par K, si

$$f(k_1 g k_2) = f(g), \quad k_1, k_2 \in K; \ g \in G.$$

Soit f une fonction définie sur $\widetilde{G}$ biinvariante par K. On note $\tilde{f}$ la fonction définie sur $\Omega_n = \widetilde{G}/K$, par

$$\tilde{f}(\xi) = f(g), \quad \xi = g \, e_n \in \Omega_n.$$

Une fonction Φ définie sur Ω_n est dite invariante par K si

$$\Phi(k\xi) = \Phi(\xi), \quad \xi \in \Omega_n; \ k \in K.$$

Une fonction Φ invariante par K dépend seulement du produit $[\xi, e_n]$, il existe donc une fonction $\tilde{\Phi}$ définie sur

$$D^\star = \{\cosh y \, e^{i\varphi} / \varphi \in \mathbb{R}; \ y \in [0, +\infty[\}$$

9

telle que
$$\Phi(\xi) = \tilde{\Phi}([\xi, e_n]) = \tilde{\Phi}(\cosh y\, e^{i\varphi}) = \hat{\Phi}(z).$$

Les fonctions sphériques associées à $(\tilde{G}, K)$ sont les fonctions $\varphi_{\lambda,\mu}$, $\lambda, \mu \in \mathbb{C}$, définies dans la section 1.1 avec $\alpha = n - 2$, $n \in \mathbb{N}$, $n \geq 2$. D'après [15, p. 399], ces fonctions vérifient la formule de produit
$$\varphi_{\lambda,\mu}(g_1)\varphi_{\lambda,\mu}(g_2) = \int_K \varphi_{\lambda,\mu}(g_1 k g_2)dk, \quad g_1, g_2 \in \tilde{G}. \tag{1.9}$$

Théorème 1.3 *Pour $\lambda, \mu \in \mathbb{C}$ et $z, w \in D^\star$, on a*
i) Si $\alpha = n - 2 > 0$

$$\varphi_{\lambda,\mu}(z)\varphi_{\lambda,\mu}(w) = \frac{\alpha}{\pi}\int_D \varphi_{\lambda,\mu}\left(zw + \sqrt{|z|^2 - 1}\sqrt{|w|^2 - 1}\,\xi\right)\left(1 - |\xi|^2\right)^{\alpha-1}dm(\xi)$$

où D est le disque unité de $\mathbb{C}$ et $dm(\xi) = d\xi_1 d\xi_2$, si $\xi = \xi_1 + i\xi_2$.
ii) Si $\alpha = n - 2 = 0$

$$\varphi_{\lambda,\mu}(z)\varphi_{\lambda,\mu}(w) = \frac{1}{2\pi}\int_0^{2\pi}\varphi_{\lambda,\mu}\left(zw + \sqrt{|z|^2 - 1}\sqrt{|w|^2 - 1}\,e^{i\psi}\right)d\psi.$$

Démonstration. Comme la fonction $\varphi_{\lambda,\mu}$ est biinvariante par K, on a d'aprés la formule (1.9)

$$\varphi_{\lambda,\mu}([g_1\, e_n, e_n])\varphi_{\lambda,\mu}([g_2\, e_n, e_n]) = \int_K \varphi_{\lambda,\mu}([g_1 k g_2\, e_n, e_n])dk.$$

On pose

$$\begin{cases} g_1^{-1}\, e_n &= \sinh y\, \eta_1' + \cosh y\, e^{-i\theta}\, e_n \\ &\quad \eta_1', \eta_2' \in S^{n-1} \\ g_2\, e_n &= -\sinh t\, \eta_2' + \cosh t\, e^{i\tau}\, e_n \end{cases}$$

d'où

$$[g_1 k g_2\, e_n, e_n] = [kg_2\, e_n, g_1^{-1}\, e_n] = \cosh y \cosh t\, e^{i(\theta+\tau)} + \sinh y \sinh t\, <k\eta_2', \eta_1'>,$$

par conséquent

$$\int_K \varphi_{\lambda,\mu}([g_1 k g_2\, e_n, e_n])dk$$

$$= \int_K \varphi_{\lambda,\mu}\left[\cosh y \cosh t\, e^{i(\theta+\tau)} + \sinh y \sinh t\, <k\eta_2', \eta_1'>\right]dk$$

$$= \frac{1}{\omega_{n-1}}\int_{S^{n-1}}\int_K \varphi_{\lambda,\mu}\left[\cosh y \cosh t\, e^{i(\theta+\tau)} + \sinh y \sinh t\, <k\eta_2', \eta_1'>\right]dk d\sigma_{n-1}(\eta_2')$$

$$= \frac{1}{\omega_{n-1}}\int_{S^{n-1}}\varphi_{\lambda,\mu}\left[\cosh y \cosh t\, e^{i(\theta+\tau)} + \sinh y \sinh t\, <\eta_2', \eta_1'>\right]d\sigma_{n-1}(\eta_2')$$

$$= \frac{1}{\omega_{n-1}}\int_{S^{n-1}}\varphi_{\lambda,\mu}\left[\cosh y \cosh t\, e^{i(\theta+\tau)} + \sinh y \sinh t\, <\eta_2', \eta_1'>\right]d\sigma_{n-1}(\eta_2').$$

On va distinguer deux cas
Cas i) : Si $\alpha = n - 2$, on a

$$\eta_2' = re^{i\psi}e_{n-1} + \sqrt{1 - r^2}\eta_2'', \quad 0 < r < 1; \ \psi \in \mathbb{R}/2\pi\mathbb{Z}; \ \eta_2'' \in S^{n-1},$$

ce qui donne $d\sigma_{n-1}(\eta_2') = r(1 - r^2)^{n-3}\, dr\, d\sigma_{n-1}(\eta_2'')$ et par suite

10

$$\varphi_{\lambda,\mu}\left[\cosh y\,e^{i\lambda\theta}\right]\varphi_{\lambda,\mu}\left[\cosh t\,e^{i\lambda\tau}\right]$$

$$=\frac{n-2}{2\pi}\int_0^1\int_0^{2\pi}\varphi_{\lambda,\mu}\left[\cosh y\cosh t\,e^{i\lambda(\theta+\tau)}+\sinh y\sinh t\,re^{i\psi}\right]r(1-r^2)^{\alpha-1}rdrd\psi.$$

Le i) du théorème 1.3 s'obtient en posant $z=\cosh y\,e^{i\lambda\theta}$, $w=\cosh t\,e^{i\lambda\tau}$.

Cas ii). Si $\alpha=n-2=0$, on a

$$\eta_2'=e^{i\psi},\ \psi\in\mathbb{R}/2\pi\mathbb{Z};\quad d\sigma_2(\eta_2')=d\psi,$$

le ii) du théorème 1.3 en découle.   □

Un prologement analytique par rapport à la variable α (en utilisant un théorème de Carleson [21, p. 86]), nous donne la formule produit suivante pour tout $\alpha\geq0$.

Corollaire 1.3 *Pour tous* $(\lambda,\mu)\in\mathbb{C}^2$, (y,θ) *et* (t,τ) *appartenant à* $[0,+\infty[\times\mathbb{R}$, *on a*
i) Pour $\alpha>0$:

$$\varphi_{\lambda,\mu}(y,\theta)\varphi_{\lambda,\mu}(t,\tau)=\frac{\alpha}{\pi}\int_D\varphi_{\lambda,\mu}[\cosh y\cosh te^{i(\theta+\tau)}+\sinh y\sinh t\,\xi](1-|\xi|^2)^{\alpha-1}dm(\xi)$$

où D est le disque unité ouvert de $\mathbb{C}$ et $dm(\xi)=d\xi_1d\xi_2$ si $\xi=\xi_1+i\xi_2$.
ii) Pour $\alpha=0$

$$\varphi_{\lambda,\mu}(y,\theta)\varphi_{\lambda,\mu}(t,\tau)=\frac{1}{2\pi}\int_0^{2\pi}\varphi_{\lambda,\mu}[\cosh y\cosh t\,e^{i(\theta+\tau)}+\sinh y\sinh t\,e^{i\psi}]d\psi.$$

Remarque. En effectuant un changement de variable, on obtient pour (y,θ) et (t,τ) dans $]0,+\infty[\times\mathbb{R}$, et pour tout (λ,μ) dans $\mathbb{C}^2$
i) Pour $\alpha>0$

$$\varphi_{\lambda,\mu}(y,\theta)\varphi_{\lambda,\mu}(t,\tau)=\int_{D_{(y,\theta),(t,\tau)}}\varphi_{\lambda,\mu}[z]F_\alpha((y,\theta),(t,\tau),\bar z)dm(z)$$

où $D_{(y,\theta),(t,\tau)}$ est le disque ouvert de $\mathbb{C}$, de centre $\cosh y\cosh te^{i(\theta+\tau)}$ et de rayon $\sinh y\sinh t$ et $F_\alpha((y,\theta),(t,\tau),\bar z)$ la fonction définie par

$$F_\alpha(y,\theta),(t,\tau),z)$$
$$=\begin{cases}\dfrac{\alpha}{\pi}\dfrac{(1-\cosh^2 y-\cosh^2 t-|z|^2+2Re(\cosh y\cosh te^{i(\theta+\tau)}e^{i(\theta+\tau)}\bar z))^{\alpha-1}}{(\sinh y)^{2\alpha}(\sinh t)^{2\alpha}},&\text{si }z\in D_{y,(\theta),(t,\tau)}\\0,&\text{sinon}\end{cases}$$

$$\tag{1.10}$$

et

$$dm(z)=dxdy,\quad\text{si}\quad z=x+iy.$$

ii) Si $\alpha=0$:

$$\varphi_{\lambda,\mu}(y,\theta)\varphi_{\lambda,\mu}(t,\tau)=\frac{1}{2i\pi}\int_{C_{(y,\theta),(t,\tau)}}\varphi_{\lambda,\mu}[z]\frac{dz}{z-\cosh y\cosh te^{i(\theta+\tau)}}$$

où $C_{(y,\theta)(t,\tau)}$ est le cercle de $\mathbb{C}$, de centre $\cosh y\cosh te^{i(\theta+\tau)}$ et de rayon $\sinh y\sinh t$.

Propriétés.
i) La fonction $F_\alpha((y,\theta),(y,\tau),\bar z)$ est positive et on a

$$\int_{D_{(y,\theta),(t,\tau)}}F_\alpha((y,\theta),(t,\tau),\bar z)dm(z)=1.$$

ii) $\dfrac{1}{2i\pi} \displaystyle\int_{C_{(y,\theta),(t,\tau)}} \dfrac{dz}{z - chychte^{i(\theta+\tau)}} = 1.$

Notation. On pose

$$\Sigma = \Sigma_1 \cup \Sigma_2, \tag{1.11}$$

avec

$$\Sigma_1 = \{(\lambda,\mu) \in \mathbb{C}^2 / \lambda \in \mathbb{R}, |Im\mu| \leq \alpha + 1\}$$

et

$$\Sigma_2 = \{(\lambda,\mu) \in \mathbb{C}^2 / \mu = i\eta, \lambda = \pm(\alpha + 2m + 1 + 1 + \eta), \eta > 0, m \in \mathbb{N}\}.$$

Corollaire 1.4 *Pour* $(\lambda,\mu) \in \Sigma$, *on a*

$$\sup_{(y,\theta)\in[0,+\infty[\times\mathbb{R}} |\varphi_{\lambda,\mu}(y,\theta)| = 1. \tag{1.12}$$

Démonstration. Du théorème 1.7, on déduit que pour $\alpha > 0$

$$|\varphi_{\lambda,\mu}(z)\varphi_{\lambda,\mu}(w)| \leq \sup_{\xi\in D} \left|\varphi_{\lambda,\mu}\left[zw + \sqrt{|z|^2 - 1}\sqrt{|w|^2 - 1}\,\xi\right]\right|.$$

Or si ξ parcourt D, l'expression $zw + \sqrt{|z|^2 - 1}\sqrt{|w|^2 - 1}\,\xi$ parcourt $D^\star$.
Mais d'aprés le corollaire 1.2, la fonction $\varphi_{\lambda,\mu}$ est bornée si $(\lambda,\mu) \in \Sigma$. Par conséquent

$$|\varphi_{\lambda,\mu}(z)\varphi_{\lambda,\mu}(w)| \leq \sup_{Z\in D^\star} |\varphi_{\lambda,\mu}(Z)|.$$

Ainsi

$$\sup_{Z\in D^\star} |\varphi_{\lambda,\mu}(Z)| \leq 1, \quad (\lambda,\mu) \in \Sigma.$$

Le résultat découle de la relation $\varphi_{\lambda,\mu}(1) = 1$.
Le cas $\alpha = 0$ se traîte de la même manière. $\qquad\square$

1.3 Transformation de Fourier généralisée associée aux opérateurs D_1, D_2

Notation. On désigne par $\mathcal{D}_*(\mathbb{R}^2)$ l'espace des fonctions de classe C^∞ sur $\mathbb{R}^2$, paires par rapport à la première variable et à support compact.

Définition 1.1 *On définit la transformation de Fourier généralisée associée aux opérateurs* D_1, D_2 *d'une fonction* f *appartement à* $\mathcal{D}_*(\mathbb{R}^2)$, *par*

$$\mathcal{F}(f)(\lambda,\mu) = \int_0^{+\infty} \int_{\mathbb{R}} f(y,\theta)\varphi_{-\lambda,\mu}(y,\theta)A_\alpha(y)dyd\theta, \quad (\lambda,\mu) \in \mathbb{C}^2.$$

avec

$$A_\alpha(y) = 2^{2(\alpha+1)}(\sinh y)^{2\alpha+1}chy$$

Notations. On pose
- $\tilde{D} = \cup_{m\in\mathbb{N}}\{(\pm(\alpha + 2m + \eta + 1), i\eta), \eta > 0\}$
- $\mathbb{S} = \mathbb{R} \times [0, +\infty[\cup \tilde{D}.$
- Pour $(\lambda_0,\mu_0) \in \tilde{D}$, on pose :

$$C_2(\lambda_0,\mu_0) = \text{Res}_{\mu_0=\mu}[C_1(\lambda_0,\mu_0)C_1(\lambda_0,-\mu)]^{-1}.$$

- On désigne par $d\gamma$ la mesure sur $\mathbb{S}$, définie par : Pour toute fonction continue sur $\mathbb{S}$ à support compact on a

$$\int_{\mathbb{S}} f(\lambda, \mu) d\gamma(\lambda, \mu)$$

$$= \frac{1}{(2\pi)^2} \int_0^{+\infty} \int_{\mathbb{R}} f(\lambda, \mu) |C_1(\lambda, \mu)|^{-2} d\lambda d\mu$$

$$+ \frac{1}{(2\pi)^2} \sum_{m=0}^{+\infty} \int_0^{+\infty} f(\alpha + 2m + 1 + \eta, i\eta) \, C_2(\alpha + 2m + 1 + \eta, i\eta) d\eta$$

$$+ \frac{1}{(2\pi)^2} \sum_{m=0}^{+\infty} \int_0^{+\infty} f(-(\alpha + 2m + \eta + 1), i\eta) \, C_2(-(\alpha + 2m + 1 + \eta), i\eta) d\eta.$$

On désigne par
- $L_\alpha^p, 1 \le p \le \infty$, l'espace des fonctions $f(y, \theta)$ mesurables sur $[0, +\infty[\times \mathbb{R}$ telles que :

$$\|f\|_{L_\alpha^p} = \left(\int_0^{+\infty} \int_{\mathbb{R}} |f(y, \theta|^p A_\alpha(y) dy d\theta \right)^{1/p} < \infty, \quad 1 \le p < \infty$$

$$\|f\|_{L_\alpha^\infty} = \sup ess_{(y,\theta) \in [0, +\infty[\times \mathbb{R}} |f(y, \theta)|.$$

- $L^p(\mathbb{S}, d\gamma), 1 \le p < \infty$ l'espace de Lebesgue pour la mesure γ.

Théorème 1.4 *(Formule d'inversion)* *Pour* $f \in \mathcal{D}_*(\mathbb{R}^2)$, *on a*

$$f(y, \theta) = \int_{\mathbb{S}} \mathcal{F}(f)(\lambda, \mu) \varphi_{\lambda, \mu}(y, \theta) d\gamma(\lambda, \mu), \quad (y, \theta) \in [0, +\infty[\times \mathbb{R}.$$

Démonstration. On a

$$\mathcal{F}(f)(\lambda, \mu) = 2^{2(\alpha+1)} \int_0^{+\infty} \left[\int_{\mathbb{R}} f(y, \theta) e^{-i\lambda\theta} d\theta \right] \varphi_\mu^{(\alpha, \lambda)}(y) (\sinh y)^{2\alpha+1} (chy)^{\lambda+1} dy$$

$$= \frac{1}{\sqrt{2\pi}} \int_0^{+\infty} \left[\sqrt{2\pi} \left(2^2 \cosh y \right)^{-\lambda} \mathcal{F}_c(f(y, .))(\lambda) \right] \varphi_\mu^{(\alpha, \lambda)}(y) A_{\alpha, \lambda}(y) dy,$$

où

$$\mathcal{F}_c(f(y, .))(\lambda) = \int_{\mathbb{R}} f(y, \theta) e^{-i\lambda\theta} d\theta; \quad A_{\alpha, \lambda}(y) = 2^{2(\alpha+\lambda+1)} (\sinh y)^{2\alpha+1} (chy)^{2\lambda+1}.$$

Comme la fonction $y \to \mathcal{F}_c(f(y, .))(\lambda)$ est de classe C^∞ sur $\mathbb{R}$, paire et à support compact, alors $\mathcal{F}(f)(\lambda, \mu)$ est la transformée de Fourier-Jacobi de la fonction

$$\lambda \to \sqrt{2\pi} \left(2^2 \cosh y \right)^{-\lambda} \mathcal{F}_1(f(y, .))(\lambda).$$

On obtient la formule d'inversion cherchée en appliquant tout d'abord la formule d'inversion pour la transformation de Fourier-Jacobi (voir [10, p. 88-89]), en suite on multiplie par $\frac{1}{\sqrt{2\pi}} \left(2^2 \cosh y \right)^\lambda$ et on applique la formule d'inversion pour la transformation de Fourier classique $\mathcal{F}_c$. $\qquad \square$

Théorème 1.5 *i) (Formule de Plancherel.)* *Pour tout* $f \in \mathcal{D}_*(\mathbb{R}^2)$, *on a*

$$\int_0^{+\infty} \int_{\mathbb{R}} |f(y, \theta)|^2 A_\alpha(y) dy d\theta = \int_{\mathbb{S}} |\mathcal{F}(f)(\lambda, \mu)|^2 d\gamma(\lambda, \mu).$$

ii) (Théorème de Plancherel.) La transformation de Fourier généralisé $\mathcal{F}$ se prolonge en un isomorphisme isométrique de $L^2([0, +\infty[\times\mathbb{R}, A_\alpha(y)dyd\theta)$ sur $L^2(\mathbb{S}, d\gamma(\lambda, \mu))$.

Démonstration. Le i) est une conséquence des formules de Plancherel pour la transformation de Fourier classique et celle de la transformée de Jacobi (voir [26]).

Pour ii), on adopte la même preuve que celle établie par Flensted-Jensen [10]. $\square$

Notations. On désigne par

- $\mathcal{H}_*(\mathbb{C})^2$ l'espace des fonctions entières sur $\mathbb{C}^2$, paires par rapport à la deuxième variable et à décroissance rapide de type exponentiel.
- $\mathcal{H}_*^0(\mathbb{C}^2)$ le sous-espace de $\mathcal{H}_*(\mathbb{C}^2)$, formé par les fonctions à décroissance rapide sur $\tilde{D}$.

Théorème 1.6 *(Voir [25, Th'orème V.4]) La transformation de Fourier généralisée $\mathcal{F}$ est une application linéaire bijective de $\mathcal{D}_*(\mathbb{R}^2)$ sur $\mathcal{H}_*(\mathbb{C}^2)$.*

1.4 Produit de convolution généralisée associée aux opérateurs D_1, D_2

Notations. On désigne par
- $\mathcal{C}_*(\mathbb{R}^2)$ l'espace des fonctions continues sur $\mathbb{R}^2$, paires par rapport à la première variable.
- $\mathcal{C}_{*,C}(\mathbb{R}^2)$ le sous-espace de $\mathcal{C}_*(\mathbb{R}^2)$, formé des fonctions à support compact.

En utilisant les formules de produit, on pose la définition suivante

Définition 1.2 *Soi f appartenant à $\mathcal{C}_*(\mathbb{R}^2)$. On pose pour tous $(y, \theta), (t, \tau)$ dans $[0, +\infty[\times\mathbb{R}$;*
i) Pour $\alpha > 0$

$$T_{(y,\theta)}f(t,\tau) = \frac{\alpha}{\pi}\int_0^{2\pi}\int_0^1 f\left[\cosh y\cosh t e^{i(\theta+\tau)} + (\sinh y\sinh t)\xi\right](1-|\xi|^2)^{\alpha-1}dm(\xi)$$

où D est le disque unité ouvert de $\mathbb{C}$ et $dm(\xi) = d\xi_1 d\xi_2$ si $\xi = \xi_1 + i\xi_2$.
ii) Pour $\alpha = 0$

$$T_{(y,\theta)}f(t,\tau) = \frac{1}{2\pi}\int_0^{2\pi} f\left[chychte^{i(\theta+\tau)} + \sinh y\sinh t e^{i\psi}\right]d\psi.$$

Les opérateurs $T_{(y,\theta)}$, sont appelés opérateurs de translation généralisée associés aux opérateurs D_1, D_2.

Proposition 1.2 *Soient $f \in \mathcal{D}_*(\mathbb{R}^2)$ et $(y,\theta), (t,\tau) \in [0, +\infty[\times\mathbb{R}$, on a*
i) Pour $\alpha > 0$

$$T_{(y,\theta)}f(t,\tau) = \int_{D_{(y,\theta),(t,\tau)}} f[z]F_\alpha(y,\theta), (t,\tau), \bar{z})dm(z)$$

où $D_{(y,\theta),(t,\tau)}$ est le disque ouvert de $\mathbb{C}$, de centre $\cosh y\cosh t e^{i(\theta+\tau)}$ et de rayon $\sinh y\sinh t$, et F_α la fonction définie par la relation (1.3).
ii) Pour $\alpha = 0$

$$T_{(y,\theta)}f(t,\tau) = \frac{1}{2i\pi}\int_{C_{(y,\theta),(t,\tau)}} f[z]\frac{dz}{z - \cosh y\cosh t e^{i(\theta+\tau)}}$$

avec $C_{(y,\theta),(t,\tau)}$ le cercle de $\mathbb{C}$, de centre $\cosh y\cosh t e^{i(\theta+\tau)}$ et de rayon $\sinh y\sinh t$.

De la proposition 1.2 et des propriétés de la fonction F_α, on déduit les propriétés suivantes

Propriétés. Les opérateurs $T_{(y,\theta)}$, $(y,\theta) \in [0,+\infty[\times\mathbb{R}$, vérifient les propriétés suivantes

i) Pour tous $(y,\theta),(t,\tau)$ dans $[0,+\infty[\times\mathbb{R}$, on a

- $T_{(y,\theta)}f(t,\tau) = T_{(t,\tau)}f_{(y,\theta)}$
- $T_{(y,\theta)}oT_{(t,\tau)} = T_{(t,\tau)}oT_{(y,\theta)}$
- $T_{(0,0)} = $ identité.

ii) Pour toute fonction continue bornée sur $[0,+\infty[\times\mathbb{R}$, on a :

$$\|T_{(y,\theta)}f\|_\infty \leq \|f\|_\infty$$

où

$$\|f\|_\infty = \sup_{(y,\theta)\in[0,+\infty[\times\mathbb{R}} |f(y,\theta)|$$

iii) Pour tous $(y,\theta),(t,\tau)$ dans $[0,+\infty[\times\mathbb{R}$ et (λ,μ) dans $\mathbb{C}^2$, on a

$$T_{(y,\theta)}\varphi_{\lambda,\mu}(t,\tau) = \varphi_{\lambda,\mu}(y,\theta)\varphi_{\lambda,\mu}(t,\tau). \tag{1.13}$$

Définition 1.3 *Le produit de convolution généralisée de deux fonctions f et g appartenant à $\mathcal{C}_{*,C}(\mathbb{R}^2)$ est la fonction $f * g$, définie par*

$$f \star g(y,\theta) = \int_0^{+\infty} \int_\mathbb{R} T_{(y,\theta)}f(t,\tau)g(t,\tau)A_\alpha(t)dt d\tau.$$

Proposition 1.3 *Le produit de convolution $*$, vérifie pour f,g,h des fonctions de $\mathcal{C}_{*C}(\mathbb{R}^2)$, les propriétés suivantes :*

i) $f * g = g * f$

ii) $(f * g) * h = f * (g * h)$

iii) $\mathcal{F}(f * g)(\lambda,\mu) = \mathcal{F}(f)(\lambda,\mu)\mathcal{F}(g)(\lambda\mu)$

iv) $\|f * g\|_\infty \leq \|f\|_\infty\|g\|_\infty.$

Proposition 1.4 *Soient $f \in L_\alpha^1$ et $g \in L_\alpha^p$, $1 \leq p \leq \infty$, alors, on a*

$$\|f * g\|_{L_\alpha^p} \leq \|f\|_{L_\alpha^1}\|g\|_{L_\alpha^p}.$$

Chapitre 2

Théorème de la limte centrale associé aux opérateurs D_1 et D_2.

2.1 Developpement limité de la fonction $\varphi_{\lambda,\mu}(y,\theta)$ par rapport à λ et μ

On considère la suite de fonctions $\{b_n\}_{n\in\mathbb{N}}$ définie sur $[0,+\infty[\times[0,+\infty[$, par

$$\begin{cases} b_0(y,\lambda) & = 1 \\ b_n(y,\lambda) & = \displaystyle\int_0^y \frac{1}{A_{\alpha,\lambda}(x)}\left(\int_0^x A_{\alpha,\lambda}(t)b_{n-1}(t,\lambda)dt\right)dx, \quad n \geq 1 \end{cases} \tag{2.1}$$

avec $A_{\alpha,\lambda}(x) = 2^{2(\alpha+\lambda+1)}(\sinh y)^{2\alpha+1}(\cosh y)^{2\lambda+1}$.

Proposition 2.1   *i) On a* $b_1(y,0) = \dfrac{\log\cosh y}{2(\alpha+1)}$.

ii) Pour tout $y \in [0,+\infty[$, *les fonctions* $\lambda \to b_n(y,\lambda), n \geq 1$, *sont des fonctions de classe* C^∞ *sur* $[0,+\infty[$, *vérifiant : Pour tout* p *appartenant à* $\mathbb{N}$

$$\left|\frac{\partial^p b_n}{\partial\lambda^p}(y,\lambda)\right| \leq \frac{2^{2p-n}n^p}{(\alpha+1)^n}(\log\cosh y)^{p+n}. \tag{2.2}$$

Démonstration. Le i) découle de la définition de la fonction b_1.
ii) s'obtient par récurrence. $\square$

Notation. Posons

$$B(y) = \frac{\log\cosh y}{2(\alpha+1)} - \frac{1}{2}(\log\cosh y)^2 + 4(\alpha+1)^2 b_2(y,0), \tag{2.3}$$

avec $b_2(y,0)$ est la fonction définie par la relation (2.1).

Proposition 2.2 *Pour tous* $\lambda \geq 0$ *et* $\mu \in \mathbb{C}$, *on a*

$$\varphi_\mu^{(\alpha,\lambda)}(y) = 1 - (\mu^2 + (\alpha+1)^2)^2\frac{\log(\cosh y)}{2(\alpha+1)} - 2\lambda(\alpha+1)\log(\cosh y) - \lambda^2 B(y) + \varepsilon_{\lambda,\mu}(y), \tag{2.4}$$

avec

$$|\varepsilon_{\lambda,\mu}(y)| \leq k_1(\lambda,\mu)\log(\cosh y)^2 + k_2(\lambda,\mu)\log(\cosh y)^3.$$

De plus, on a

$$B(y) = -\frac{1}{2}\left(\frac{\partial^2}{\partial\lambda^2}\varphi_\mu^{(\alpha,\lambda)}(y)\right)_{\substack{\lambda=0 \\ \mu=\pm i(\alpha+1)}}.$$

Démonstration. D'après [23] la fonction $y \to \varphi_\mu^{(\alpha,\lambda)}(y)$ possède le développement de Taylor généralisé au sens de Delsarte avec reste intégral suivant

$$
\begin{aligned}
\varphi_\mu^{(\alpha,\lambda)}(y) &= 1 - (\mu^2 + (\alpha + \lambda + 1)^2)b_1(y,\lambda) - (\mu^2 + (\alpha + \lambda + 1)^2)^2 b_2(y,\lambda) \\
&\quad - (\mu^2 + (\alpha + \lambda + 1)^2)^3 \int_0^y A_{\alpha,\lambda}(t) V_3(t,\lambda) \varphi_\mu^{(\alpha,\lambda)}(t) dt
\end{aligned} \tag{2.5}
$$

avec $V_n, (t,\lambda), n \in \mathbb{N}$, la fonction définie par les relations

$$
\left\{
\begin{aligned}
V_0(t,\lambda) &= \int_1^y \frac{dt}{A_{\alpha,\lambda}(t)} \\
\Delta V_n(t,\lambda) &= V_{n-1}(t,\lambda), n \geq 1
\end{aligned}
\right.
$$

où Δ est l'opérateur aux dérivées partielles donné par

$$
\Delta = \frac{\partial^2}{\partial y^2} + ((2\alpha + 1)cothy + (2\lambda + 1)thy)\frac{\partial}{\partial y}.
$$

En écrivant les développements de Taylor des fonctions $b_1(y,\lambda)$ et $b_2(y,\lambda)$ par rapport à la variable λ en 0, on aura

$$
b_1(y,\lambda) = b_1(y,0) + \lambda\frac{\partial b_1}{\partial \lambda}(y,0) + \lambda^2 \int_0^1 (1-t)^2 \frac{\partial^2 b_1}{\partial \lambda^2}(y,t\lambda)dt
$$

$$
b_2(y,\lambda) = b_2(y,0) + \lambda \int_0^1 \frac{\partial b_2}{\partial \lambda}(y,t\lambda)dt.
$$

En remplaçant ces expressions dans la relation (2.5), en utilisant la relation (2.2) et en remarquant qu'il existe une constante $M(\lambda,\mu) > 0$, telle que

$$
\left| (\mu^2 + (\alpha + \lambda + 1)^2)^3 \int_0^y V_3(t,\lambda)\varphi_\mu^{(\alpha,\lambda)}(t)A_{\alpha,\lambda}(t)dt \right| \leq M(\lambda,\mu)(\log \cosh y)^3,
$$

on obtient alors le résultat. $\square$

Proposition 2.3 *La fonction $\varphi_{\lambda,\mu}(y,\theta)$ possède le développement limité suivant par rapport à λ et μ*

$$
\varphi_{\lambda,\mu}(y,\theta) = 1 + i\lambda\theta - \lambda^2(\frac{\theta^2}{2} + B(y)) - (\mu^2 + (\alpha + 1)^2)\frac{\log \cosh y}{2(\alpha + 1)} + \varepsilon_{\lambda,\mu}(y,\theta) \tag{2.6}
$$

avec

$$
|\varepsilon_{\lambda,\mu}(y,\theta)| \leq M_0(\lambda,\mu)|\theta|^3 + (M_1(\lambda,\mu)|\theta| + M_2(\lambda,\mu)\theta^2)\log \cosh y + \sum_{j=1}^4 a_j(\lambda,\mu)(\log \cosh y)^{j+1}
$$

pour tout $(y,\theta) \in [0,+\infty[\times\mathbb{R}$, où $M_j(\lambda,\mu), i = 0,1,2, a_j(\lambda,\mu), j = 1,...,4$ sont des fonctions positives en λ et μ. De plus on a

$$
B(y) = -\frac{1}{2}\left(\frac{\partial^2}{\partial \lambda^2}\varphi_{\lambda,\mu}(y,0)\right)_{\substack{\lambda = 0 \\ \mu = \pm i(\alpha + 1)}} \tag{2.7}
$$

Démonstration. On a

$$\varphi_{\lambda,\mu}(y,\theta) = e^{i\lambda\theta}(\cosh y)^{\lambda}\varphi_{\mu}^{(\alpha,\lambda)}(y) = e^{i\lambda\theta}(\cosh y)^{-\lambda}\varphi_{\mu}^{(\alpha,-\lambda)}(y), \tag{2.8}$$

les fonctions $(\cosh y)^{\lambda}$ et $e^{i\lambda\theta}$ possèdent les développements de Taylor avec reste intégral par rapport à λ en 0, suivants

$$(\cosh y)^{\lambda} = 1 + \lambda \log \cosh y + \frac{\lambda^2}{2}(\log \cosh y)^2 + \frac{\lambda^3(\log \cosh y)^3}{2}\int_0^1 (1-t)^2(\cosh y)^{t\lambda}dt; \tag{2.9}$$

$$e^{i\lambda\theta} = 1 + i\lambda\theta - \lambda^2\frac{\theta^2}{2} + i\frac{\lambda^3\theta^3}{2}\int_0^1 (1-t)^2 e^{i\lambda\theta t}dt, \tag{2.10}$$

le résultat cherché découle des relations (2.8), (2.9), (2.10) et (2.4). □

Du théorème 1.2 et de la relation (2.7), on a

Proposition 2.4 *Pour tout $y \geq 0$, on a*
i) Pour $\alpha > 0$

$$B(y) = \frac{2^{\alpha}\alpha}{\pi}(\sinh y)^{2\alpha}\int_{-y}^{y}\int_{-\omega(y,s)}^{\omega(y,s)}(\cosh y \cos \Psi - \cosh s)^{\alpha-1}\cosh(\alpha+1)s\psi^2 d\psi ds. \tag{2.11}$$

ii) Pour $\alpha = 0$

$$B(y) = \frac{\sqrt{2}}{\pi}\int_0^y (\cosh(2y) - \cosh(2s))^{\alpha-1}(\omega(y,s))^2 ds. \tag{2.12}$$

Corollaire 2.1 *On a*

i) $\displaystyle\lim_{y\to 0}\frac{2(\alpha+1)B(y)}{\log \cosh y} = 1.$
ii) $0 \leq B(y) \leq \pi^2$, *pour tout y dans $[0, +\infty[$.*

Démonstration. Le i) découle de la définition de $B(y)$ et de la relation (2.1).
Le ii) découle des relations (2.11) et (2.12). □

2.2 Distributions normales

Dans ce paragraphe, on va définir les distributions normales ou de Gauss, pour cela on va utiliser comme dans [1], la notion de fonctions définies positives

Définition 2.1 *Une fonction Ψ, continue bornée sur $\mathbb{S}$, à valeurs dans $\mathbb{C}$ est dite définie si pour toute fonction h dans $\mathbb{H}_*^0(\mathbb{C}^2)$, on a*

$$\left(\int_{\mathbb{S}} h(\lambda,\mu)\varphi_{\lambda,\mu}(y,\theta)d\gamma(\lambda,\mu) \geq 0, \quad (y,\theta) \in [0,+\infty[\times\mathbb{R}\right)$$

$$\Rightarrow \left(\int_{\mathbb{S}} \Psi(\lambda,\mu)h(\lambda,\mu)\varphi_{\lambda,\mu}(y,\theta)d\gamma(\lambda,\mu) \geq 0, \quad (y,\theta) \in [0,+\infty[\times\mathbb{R}\right). \tag{2.13}$$

Proposition 2.5 *Pour tout $t > 0$, la fonction $(\lambda,\mu) \to \exp(-t(\lambda^2+\mu^2+(\alpha+1)^2))$ est définie positive.*

Démonstration. Soit h une fonction dans $\mathcal{H}_*^0(\mathbb{C}^2)$, telle que pour tout (y, θ) dans $[0, +\infty[\times\mathbb{R}$, on a

$$\int_{\mathbb{S}} h(\lambda, \mu) \varphi_{\lambda,\mu}(y, \theta) d\gamma(\lambda, \mu) \geq 0.$$

D'après le théorème 1.3 et le théorème de Fubini on aura

$$\int_{\mathbb{S}} h(\lambda, \mu) \varphi_{\lambda,\mu}(y, \theta) \varphi_{\lambda,\mu}(t, \tau) d\gamma(\lambda, \mu) \geq 0, \quad (y, \theta), (t, \tau) \in [0, +\infty[\times\mathbb{R}.$$

Ainsi, pour tout (y, θ) dans $[0, +\infty[$, la fonction qui à $(\lambda, \mu) \to \varphi_{\lambda,\mu}(y, \theta)$ est définie positive, on déduit alors que la fonction qui à $(\lambda, \mu) \to \varphi_{\lambda,\mu}^n(y, \theta)$ est aussi définie positive. Par suite la fonction

$$(\lambda, \mu) \to \exp\left(2(\alpha + 1)t \frac{\varphi_{\lambda,\mu}(y, \theta) - 1}{\log chy}\right)$$

est définie positive.
Le résultat découle des relations (2.6) et (2.13). $\qquad\square$

Soit maintenant v une fonction de $D_*(\mathbb{R})$ telle que
i) $v \geq 0$.
ii) supp $v \subset [-1, 1]$.
iii) $\int_0^{+\infty} v(t) A_\alpha(t) dt = 1$.
On pose

$$v_\varepsilon(t) = \frac{1}{\varepsilon} \left(\frac{\sinh(\varepsilon^{-1}t)}{\sinh t}\right)^{2\alpha+1} \frac{\cosh(\varepsilon^{-1}t)}{\cosh t} v(\varepsilon^{-1}t). \tag{2.14}$$

Lemme 2.1 *La fonction v_ε vérifie les propriétés suivantes*

1. $v_\varepsilon \in \mathcal{D}_*(\mathbb{R})$.

2. $v_\varepsilon \geq 0$ et supp $v_\varepsilon \subset [-\varepsilon, \varepsilon]$.

3. $\int_0^{+\infty} v_\varepsilon(t) A_\alpha(t) dt = 1$.

4. *Pour toute fonction f dans $\mathcal{D}_*(\mathbb{R})$, on a*

$$\lim_{\varepsilon \to 0} \int_0^{+\infty} f(t) v_\varepsilon(t) A_\alpha(t) dt = f(0).$$

Soit maintenant W dans $\mathcal{D}(\mathbb{R})$, vérifiant
i) $W \geq 0$.
ii) supp $W \subset [-1, 1]$.
iii) $\int_{-\infty}^{+\infty} W(t) dt = 1$.
On pose

$$W_\varepsilon(\theta) = \varepsilon^{-1} W(\varepsilon^{-1}\theta). \tag{2.15}$$

Soit ψ_ε la fonction définie sur $\mathbb{R}^2$ par

$$\psi_\varepsilon(y, \theta) = W_\varepsilon(\theta) v_\varepsilon(y). \tag{2.16}$$

Lemme 2.2 *La fonction ψ_ε vérifie les propriétés suivantes*
i) $\psi_\varepsilon \geq 0$ et supp $\Psi_\varepsilon \subset [-\varepsilon, \varepsilon] \times [-\varepsilon, \varepsilon]$.
ii) $\Psi_\varepsilon \in \mathcal{D}_*(\mathbb{R}^2)$.

iii) $\displaystyle\int_0^{+\infty}\int_{\mathbb{R}}\Psi_\varepsilon(y,\theta)A_\alpha(y)dyd\theta = 1.$

iv) Pour tout $(\lambda,\mu)\in\mathbb{S}$, on a

- $|\mathcal{F}(\Psi_\varepsilon)(\lambda,\mu)|\leq 1.$
- $\displaystyle\lim_{\varepsilon\to 0}\mathcal{F}(\Psi_\varepsilon)(\lambda,\mu)=1.$

Démonstration. i), ii) et iii) découlent de la définition de la fonction Ψ_ε.
Montrons le iv). Tout d'abord, on a pour tout $(\lambda,\mu)\in\mathbb{S}$

$$\left|\mathcal{F}(\Psi_\varepsilon)(\lambda,\mu)\right| \leq \int_0^{+\infty}\int_{\mathbb{R}}|\varphi_{-\lambda,\mu}(y,\theta)|\Psi_\varepsilon(y,\theta)A_\alpha(y)dyd\theta$$

$$\leq \int_0^{+\infty}\int_{\mathbb{R}}\Psi_\varepsilon(y,\theta)A_\alpha(y)dyd\theta = 1.$$

le résultat découle de ii).

D'autre part par un changement de variables, on déduit que pour tout $(\lambda,\mu)\in\mathbb{S}$, on a

$$\mathcal{F}(\Psi_\varepsilon)(\lambda,\mu)=\int_0^1\int_{-1}^1\varphi_{-\lambda,\mu}(\varepsilon y,\varepsilon\theta)\left(\frac{\cosh y}{\cosh(\varepsilon y)}\right)^\lambda V(y)W(\theta)A_\alpha(y)dyd\theta$$

le résultat découle du théorème de la convergence dominée. $\qquad\square$

Lemme 2.3 *Pour tous $t>0$ et $(y,\theta)\in[0,+\infty[\times\mathbb{R}$, la fonction qui à*

$$(\lambda,\mu)\rightarrow e^{-t(\lambda^2+\mu^2+(\alpha+1)^2)}\varphi_{\lambda,\mu}(y,\theta)$$

appartient à l'espace $L^1(\mathbb{S},d\gamma)$.

Démonstration. Le résultat découle du fait que les fonctions $|C_1(\lambda,\mu)|^{-2}$ et $C_2(\lambda,\mu)$ qui apparaissent dans la définition de la mesure $d\gamma$ sont majorées par $(1+|\mu|^2+|\lambda|^2)^{2[\alpha+1/2]+1}$ où $[\alpha+1/2]$ est la partie entière de $\alpha+1/2$. (voir [10, p. 78], pour $\alpha\in\mathbb{N}$). $\qquad\square$

Théorème 2.1 *Soit $t>0$, la fonction $\alpha_t(y,\theta)$ définie par*

$$\alpha_t(y,\theta)=\int_{\mathbb{S}}e^{-t(\lambda^2+\mu^2+(\alpha+1)^2)}\varphi_{\lambda,\mu}(y,\theta)d\gamma(\lambda,\mu)$$

est de classe C^∞ sur $\mathbb{R}^2$ paire par rapport à y, à décroissance rapide et vérifie

$$\alpha_t(y,\theta)\geq 0,\quad (y,\theta)\in[0,+\infty[\times\mathbb{R}.$$

Démonstration. D'après le lemme 2.2 et le théorème 1.4 on a

$$\Psi_\varepsilon(y,\theta)=\int_{\mathbb{S}}\mathcal{F}(\Psi_\varepsilon)(\lambda,\mu)\varphi_{\lambda,\mu}(y,\theta)d\gamma(\lambda,\mu).$$

D'autre part d'après la proposition 2.5, la fonction qui à $(\lambda,\mu)\rightarrow\exp(-t(\lambda^2+\mu^2+(\alpha+1)^2))$ est définie positive. Donc

$$\int_{\mathbb{S}}\mathcal{F}(\Psi_\varepsilon)(\lambda,\mu)\varphi_{\lambda,\mu}(y,\theta)e^{-t(\lambda^2+\mu^2+(\alpha+1)^2)}d\gamma(\lambda,\mu)\geq 0$$

le résultat découle du vi) du lemme 2.2 et du théorème de la convergence dominée. $\qquad\square$

Définition 2.2 *Les mesures α_t définies par*

$$\alpha_t=\begin{cases} \alpha_t(y,\theta)A_\alpha(y)dyd\theta, & si\ t>0 \\ \delta_{(0,0)}, & si\ t=0 \end{cases}\tag{2.17}$$

où $\delta_{(0,0)}$ est la mesure de Dirac au point $(0,0)$, sont appelées distributions normales ou de Gauss.

Remarque. Les fonctions (α_t) définies par le théorème 2.1 vérifient l'équation suivante

$$\frac{\partial}{\partial t}\alpha_t(y,\theta)=(D_1^2+D_2-(\alpha+1)^2)\alpha_t(y,\theta).$$

2.3 Formule de Lèvy-Kintchine

Notations On désigne par

- $\mathcal{M}_b([0,+\infty[\times\mathbb{R})$ l'ensemble des mesures positives bornées sur $[0,+\infty[\times\mathbb{R}$.
- $\mathcal{M}_1([0,+\infty[\times\mathbb{R})$ l'ensemble des memsurables de probabilités sur $[0,+\infty[\times\mathbb{R}$.
- $\mathcal{M}_*([0,+\infty[\times\mathbb{R})$ le sous-ensemble de $\mathcal{M}_0([0,+\infty[\times\mathbb{R})$ formé par les mesures σ telles que :

$$\int_0^\infty \int_\mathbb{R} |\theta| d\sigma(y,\theta) < +\infty \quad \text{et} \quad \int_0^{+\infty} \int_\mathbb{R} \theta d\sigma(y,\theta) = 0.$$

Définition 2.3   *i) Le produit de convolution généralisée de deux mesures σ, ν de $\mathcal{M}_b([0,+\infty[\times\mathbb{R})$ est la mesure $\sigma * \nu$ de $\mathcal{M}_b([0,+\infty[\times\mathbb{R})$, défini pour $f \in \mathcal{C}_*(\mathbb{R}^2)$, par*

$$\sigma * \nu(f) = \int_0^{+\infty} \int_\mathbb{R} \int_0^{+\infty} \int_\mathbb{R} T_{(y,\theta)} f(t,\tau) d\sigma(y,\theta) dv(t,\tau)$$

avec $T_{(y,\theta)}$ l'opérateur de translation généralisée donnée par la définition 1.2.
ii) Le produit de convolution généralisée d'une fonction f et d'une mesure σ dans $\mathcal{M}_b([0,+\infty[\times\mathbb{R})$ est donnée par

$$f * \sigma(y,\theta) = \int_0^{+\infty} \int_\mathbb{R} T_{(y,\theta)} f(t,\tau) d\sigma(t,\tau), \quad (y,\theta) \in [0,+\infty[\times\mathbb{R}.$$

Définition 2.4 *Soit σ une mesure de $\mathcal{M}_b([0,+\infty[\times\mathbb{R})$, on définit sa fonction caractéristique généralisée par*

$$\mathcal{F}(\sigma)(\lambda,\mu) = \int_0^{+\infty} \int_\mathbb{R} \varphi_{-\lambda,\mu}(y,\theta) d\sigma(y,\theta), \quad (\lambda,\mu) \in \Sigma.$$

Proposition 2.6 *On a*
i) Pour σ dans $\mathcal{M}_b([0,+\infty[\times\mathbb{R})$, la fonction $\mathcal{F}(\sigma)$ est continue et bornée par 1 sur Σ.
ii) Pour tout $\lambda \in \mathbb{R}$ la fonction $\mu \to \mathcal{F}(\sigma)(\lambda,\mu)$ et continue sur Ω, avec

$$\Omega = \{\mu \in \mathbb{C}/|Im\mu| \leq \alpha + 1\}.$$

iii) Pour tous σ, ν dans $\mathcal{M}_b([0,+\infty[\times\mathbb{R})$, on a

$$\mathcal{F}(\sigma * \nu)(\lambda,\mu) = \mathcal{F}(\sigma)(\lambda,\mu)\mathcal{F}(\nu)(\lambda,\mu), \quad (\lambda,\mu) \in \Sigma. \tag{2.18}$$

iv) La fonction caractéristique de la distribution normale $\alpha_t, t \geq 0$ est donnée par

$$\mathcal{F}(\alpha_t)(\lambda,\mu) = e^{-t(\lambda^2+\mu^2+(\alpha+1)^2)}, \quad (\lambda,\mu) \in \Sigma. \tag{2.19}$$

Démonstration. Le i) découle de la définition 2.4 et de la relation (**??**).
Le ii) est une conséquence du théorème de la convergence dominée et de la proposition 1.2.
Le théorème 1.3 et la relation (1.9), impliquent le iii).
Enfin, le iv) découle de la définition 2.4 et du théorème 1.6. $\square$

Proposition 2.7 *On a*
i) Le produit de convolution $*$ est commutatif.
ii) Les sous-ensembles $\mathcal{M}_1([0,+\infty[\times\mathbb{R})$ et $\mathcal{M}_*([0,+\infty[\times\mathbb{R})$ sont stables par le produit de convolution $*$.

Démonstration. Le i) découle de la définition 2.3.

ii) Soient σ, ν dans $\mathcal{M}_1([0, +\infty[\times\mathbb{R})$, alors d'après la proposition 2.6, on a

$$\mathcal{F}(\sigma * \nu)(0, i(\alpha+1)) = \mathcal{F}(\sigma)(0, i(\alpha+1))\mathcal{F}(\nu)(0, i(\alpha+1)),$$

on obtient que $\sigma * \nu \in \mathcal{M}_1([0, +\infty[\times\mathbb{R})$ en remarquant que

$$\varphi_{0,i(\alpha+1)}(y, \theta) = 1, \quad (y, \theta) \in [0, +\infty[\times\mathbb{R}.$$

Supposons maintenant que $\sigma, \nu \in \mathcal{M}_*([0, +\infty[\times\mathbb{R})$, alors en dérivant la relation (2.18) par rapport à λ au point $(0, i(\alpha+1))$, on obtient

$$\left(\frac{\partial}{\partial\lambda}(\mathcal{F}(\sigma * v))(\lambda, \mu)\right)_{\substack{\lambda=0 \\ \mu=i(\alpha+1)}} = \left(\frac{\partial}{\partial\lambda}(\mathcal{F}(\sigma))(\lambda, \mu)\right)_{\substack{\lambda=0 \\ \mu=i(\alpha+1)}} + \left(\frac{\partial}{\partial\lambda}(\mathcal{F}(\nu)(\lambda, \mu))\right)_{\substack{\lambda=0 \\ \mu=i(\alpha+1)}}.$$

D'après la relation (2.7) et le théorème de la convergence dominée on aura

$$\int_0^{+\infty}\int_{\mathbb{R}} \theta d(\sigma * \nu)(y, \theta) = 0.$$

Enfin, d'après la définition 2.3, on a

$$\int_0^{+\infty}\int_{\mathbb{R}} |\theta| d\sigma(\sigma * \nu)(y, \theta) < +\infty.$$

Par suite $\sigma * \nu \in \mathcal{M}_*([0, +\infty[\mathbb{R})$. $\square$

Proposition 2.8 *Soient σ et ν deux mesures dans $\mathcal{M}_b([0, +\infty[\times\mathbb{R})$ vérifiant*

$$\mathcal{F}(\sigma)(\lambda, \mu) = \mathcal{F}(\nu)(\lambda, \mu), \gamma \; p.p$$

alors σ et ν coincident.

Démonstration. Soit f une fonction de $\mathcal{D}_*(\mathbb{R}^2)$, d'après le théorème 1.4, on a

$$f(y, \theta) = \int_S \mathcal{F}(f)(\lambda, \mu)\varphi_{\lambda,\mu}(y, \theta)d\gamma(\lambda, \mu).$$

Soit ν une mesure de $\mathcal{M}_b([0, +\infty[\times\mathbb{R})$ telle que

$$\mathcal{F}(\nu)(\lambda, \mu) = 0, \; \gamma \; .p.p$$

Alors d'après le théorème de Fubini, on a

$$\int_0^{+\infty}\int_{\mathbb{R}} f(y, \theta)d\nu(y, \theta) = \int_S \mathcal{F}(f)(\lambda, \mu)\mathcal{F}(\nu)(\lambda, \mu)d\gamma(\lambda, \mu) = 0$$

d'où

$$\int_0^{+\infty}\int_{\mathbb{R}} f(y, \theta)d\nu(y, \theta) = 0, \quad f \in D_*(\mathbb{R}^2).$$

Par suite $\nu = 0$. $\square$

Notation. On désigne par $\mathcal{C}_0([0, +\infty[\times\mathbb{R})$ l'espace des fonctions continues sur $[0, +\infty[\times\mathbb{R}$, qui tendent vers 0 à l'infini.

Lemme 2.4 *Soit $\Psi \in \mathcal{D}_*(\mathbb{R}^2)$ et $\alpha_t, t > 0$ la distribution normale alors la fonction $\Psi * \alpha_t$ appartient à $\mathcal{C}_0([0, +\infty[\times\mathbb{R}) \cap L^1_\alpha \cap L^1_\alpha$.*

Démonstration. On a

$$\int_0^{+\infty} \int_{\mathbb{R}} \alpha_t(y,\theta) A_\alpha(y) dy d\theta = 1 \qquad (2.20)$$

d'où la fonction $\alpha_t \in L_\alpha^1$.

D'autre part d'après le théorème 1.2, la fonction α_t appartient à L_α^2.

D'après la relation (1.10), la fonction $\Psi * \alpha_t \in L_\alpha^1 \cap L_\alpha^2$.

Or, d'après la définition 1.2, on a

$$\lim_{y \to +\infty} T_{(y,\theta)} f(t,\tau) = 0, \quad \theta \in \mathbb{R} \text{ et } (t,\tau) \in [0,+\infty[\times\mathbb{R} \qquad (2.21)$$

le résultat cherché découle de la définition 1.3, du théorème de la convergence dominé, des relations (2.20) et (2.21) et du fait suivant

$$\forall (y,\theta) \in [0,+\infty[\times\mathbb{R}, \quad \|T_{(y,\theta)}f\|_\infty \leq \|f\|_\infty, \quad f \in \mathcal{D}_*(\mathbb{R}^2).$$

$\square$

Lemme 2.5 *Soit* $x \in [0,\alpha+1[$, *alors la fonction* $\varphi_{0,ix}$ *appartient à* $\mathcal{C}_0([0,+\infty[\times\mathbb{R})$.

Démonstration. Le résultat découle de la relation (1.2) et du comportement asymtptotique quand y tend vers $+\infty$ de la fonction de Jacobi $\varphi_{ix}^{(\alpha,0)}(y)$ (voir [10, p. 87]). $\square$

Définition 2.5 *On dit qu'une sutie de mesures* $(\nu_n)_{n\in\mathbb{N}}$ *appartenant à* $\mathcal{M}_1([0,+\infty[\times\mathbb{R})$, *converge faiblement vers une mesure* ν, *si*

$$\lim_{n \to +\infty} \nu_n(f) = \nu(f), \quad f \in \mathcal{C}_0([0,+\infty[\times\mathbb{R})$$

Théorème 2.2 *(Théorème de Lévy)*. *Soient* $(\nu_n)_{n\in\mathbb{N}}$ *une suite de mesures de* $\mathcal{M}_1([0,+\infty[\times\mathbb{R})$ *et f une fonction définie sur* $\mathbb{S}$, *telles que*

$$\lim_{n \to +\infty} \mathcal{F}(\nu_n)(\lambda,\mu) = f(\lambda,\mu), \quad (\lambda,\mu) \in \mathbb{S}.$$

Alors il existe une mesure ν *de* $M_1([0,+\infty[\times\mathbb{R})$, *telle que* $(\nu_n)_{n\in\mathbb{N}}$ *converge étroitement vers* ν *et l'on a*

$$\mathcal{F}(\nu)(\lambda,\mu) = f(\lambda,\mu), \gamma p.p$$

Démonstration. La partie formée par les mesures sur $[0,+\infty[\times\mathbb{R}$ positives et de masse totale inférieure ou égale à 1 est faiblement compact, on peut donc extraire de la suite $(\nu_n)_{n\in\mathbb{N}}$ une sous-suite $(\nu_{nk})_{k\in\mathbb{N}}$ convergeant faiblement ver sune mesure ν de masse totale inférieure ou égale à 1.

Soient $\Psi \in \mathcal{D}_*(\mathbb{R}^2)$ et $\alpha_t, t > 0$, la distribution normale. D'après le lemme 2.4, on a

$$\lim_{k \to +\infty} \int_0^{+\infty} \int_{\mathbb{R}} \Psi * \alpha_t(y,\theta) d\nu_{n_k}(y,\theta) = \int_0^{+\infty} \int_{\mathbb{R}} \Psi * \alpha_t(y,\theta) dv(y,\theta). \qquad (2.22)$$

D'autre part d'après le lemme 4.1, le théorème 2.1, la relation (2.19) et le théorème 1.4, on a

$$\int_0^{+\infty} \int_{\mathbb{R}} \Psi * \alpha_t(y,\theta) d\nu_{n_k}(y,\theta) = \int_{\mathbb{S}} \mathcal{F}(\Psi)(\lambda,\mu) \mathcal{F}(\nu_{n_k})(\lambda,\mu) e^{-t(\lambda^2+\mu^2+(\alpha+1)^2)} d\gamma(\lambda,\mu)$$

$$\int_0^{+\infty} \int_{\mathbb{R}} \Psi * \alpha_t(y,\theta) dv(y,\theta) = \int_{\mathbb{S}} \mathcal{F}(\Psi)(\lambda,\mu) \mathcal{F}(\nu)(\lambda,\mu) e^{-t(\lambda^2+\mu^2+(\alpha+1)^2)} d\gamma(\lambda,\mu).$$

Le théorème de la convergence dominée, et le i) de la proposition 2.6, impliquent que

$$\lim_{k\to+\infty} \int_{\mathbb{S}} \mathcal{F}(\Psi)(\lambda,\mu)\mathcal{F}(\nu_{n_k})(\lambda,\mu)e^{-t(\lambda^2+\mu^2+(\alpha+1)^2)}d\gamma(\lambda,\mu)$$

$$= \int_{\mathbb{S}} \mathcal{F}(\Psi)(\lambda,\mu)\mathcal{F}(\nu)(\lambda,\mu)e^{-t(\lambda^2+\mu^2+(\alpha+1)^2)}d\gamma(\lambda,\mu). \qquad (2.23)$$

Des relations (2.22) et (2.23), on déduit que

$$\int_{\mathbb{S}} \mathcal{F}(\Psi)(\lambda,\mu)(f(\lambda,\mu)-\mathcal{F}(\nu)(\lambda,\mu))e^{-t(\lambda^2+\mu^2+(\alpha+1)^2)}d\gamma(\lambda,\mu) = 0.$$

Posons

$$g(\lambda,\mu) = (f(\lambda,\mu)-\mathcal{F}(\nu)(\lambda,\mu))e^{-t(\lambda^2+\mu^2+(\alpha+1)^2)},$$

alors g est dans $L^2(\mathbb{S}, d\gamma)$ et d'après le théorème 1.6, on a

$$\int_0^{+\infty}\int_{\mathbb{R}} \Psi(y,\theta)\mathcal{F}^{-1}(g)(y,\theta)A_\alpha(y)dyd\theta = 0, \quad \Psi \in \mathcal{D}_*(\mathbb{R}^2)$$

ainsi, on a

$$\mathcal{F}^{-1}(g)(y,\theta) = 0, \quad p.p.$$

Par suite

$$f(\lambda,\mu) = \mathcal{F}(\nu)(\lambda,\mu), \gamma \, p.p.$$

Si $(\nu_{n'k})_{n\in\mathbb{N}}$ est une autre sous-suite de $(\nu_n)_{n\in\mathbb{N}}$ qui converge faiblement vers ν', alors on a

$$\mathcal{F}(\nu')(\lambda,\mu) = f(\lambda,\mu), \quad \gamma \, p.p.$$

d'où

$$\mathcal{F}(\nu)(\lambda,\mu) = \mathcal{F}(\nu')(\lambda,\mu), \quad \gamma p.p.$$

D'après la proposition 2.8, on déduit que $\nu = \nu'$ par conséquent la suite $(\nu_n)_{n\in\mathbb{N}}$ converge faiblement vers ν.

D'après le lemme 2.5, on a

$$\lim_{n\to+\infty} \nu_n(\varphi_{0,ix}) = \nu(\varphi_{0,ix}) \quad x \in [0, \alpha+1[.$$

D'après le i) de la proposition 4.1, on déduit que

$$\lim_{x\to\alpha+1} \nu_n(\varphi_{0,ix}) = \nu_n(\varphi_{0,i(\alpha+1)}) = 1,$$

d'où

$$\lim_{x\to\alpha+1}(\lim_{n\to+\infty} \nu_n(\varphi_{0,ix})) = \lim_{x\to 1} \nu(\varphi_{0,i(\alpha+1)}) = 1,$$

car

$$\nu(\varphi_{0,i(\alpha+1)}) = \int_0^{+\infty}\int_{\mathbb{R}} d\nu(y,\theta) = 1$$

par conséquent $\nu \in \mathcal{M}_1([0,+\infty[\times\mathbb{R})$ et donc la convergence est étroite. $\qquad \square$

Définition 2.6 *Soit σ une mesure de $\mathcal{M}_*([0,+\infty[\times\mathbb{R})$, vérifiant*

$$\int_0^{+\infty}\int_{\mathbb{R}} (\theta^2+y^2)d\sigma(y,\theta) < +\infty$$

on appelle dispersions ou variances de σ, les quantités

$$V_1(\sigma) = \frac{2}{\alpha+1} \int_0^{+\infty} \int_{\mathbb{R}} \log \cosh y \, d\sigma(y,\theta)$$

$$V_2(\sigma) = \int_0^{+\infty} \int_{\mathbb{R}} \left(\frac{\theta^2}{2} + B(y) \right) d\sigma(y,\theta)$$

où $B(y)$ est la fonction définie par la relation (2.6).

Notation. Pour $\mu \in \mathbb{C}$, on pose $s = \mu^2 + (\alpha+1)^2$.

Proposition 2.9 *Soit* $\sigma \in \mathcal{M}_*([0,+\infty[\times\mathbb{R})$ *telle que*

$$\int_0^{+\infty} \int_{\mathbb{R}} (\theta^2 + y^2) d\sigma(y,\theta) < +\infty.$$

Alors on a

$$V_1(\sigma) = -\left(\frac{\partial}{\partial s} \mathcal{F}(\sigma)(\lambda,\mu) \right)_{\substack{\lambda=0 \\ s=0}};$$

$$V_2(\sigma) = -\frac{1}{2} \left(\frac{\partial^2}{\partial \lambda^2} \mathcal{F}(\sigma)(\lambda,\mu) \right)_{\substack{\lambda=0 \\ s=0}}.$$

Démonstration. Le résultat découle de la définition 2.6 et de la relation (2.7). $\qquad\square$

Corollaire 2.2 *Soient* $\sigma_j, i = 1,2$, *appartenant à* $\mathcal{M}_*([0,+\infty[\times\mathbb{R})$ *telle que*

$$\int_0^{+\infty} \int_{\mathbb{R}} (\theta^2 + y^2) d\sigma_i(y,\theta) < +\infty, i = 1,2$$

Alors

$$V_j(\sigma_1 * \sigma_2) = V_j(\sigma_1) + V_j(\sigma_2), \quad j = 1,2$$

Démonstration. Le résultat découle des propositions 2.8 et 2.9. $\qquad\square$

Corollaire 2.3 *Pour tout* $t > 0$, *on a*

$$V_j(\alpha_t) = t, \quad j = 1,2.$$

Démonstration. La relation (2.19) et la proposition 2.9 donnent le résultat. $\qquad\square$

Soit $(\nu_{n,j})_{1 \leq j \leq k_n}$ une suite de mesures de $\mathcal{M}_*([0,+\infty[\times\mathbb{R})$, on pose

$$\nu_n = \nu_{n,1} * \nu_{n,2} * \cdots * \nu_{n,k_n}.$$

Théorème 2.3 *On suppose que les mesures* $\nu_{n,j}$ *et* ν_n *vérifient*

i) $\displaystyle \lim_{n \to +\infty} \sum_{j=1}^{k_n} \int_0^{+\infty} \int_{\mathbb{R}} \left(y^4 + y^5 + |\theta|^3 + \frac{y^2}{1+y} |\theta|^p \right) d\nu_{n,j}(y,\theta) = 0, \ p = 1,2.$

ii) $\displaystyle \lim_{n \to +\infty} \sup_{1 \leq j \leq k_n} \int_0^{+\infty} \int_{\mathbb{R}} \left(\frac{y^2}{1+y^p} + \theta^2 \right) d\nu_{n,j}(y,\theta) = 0, \ p = 1,2.$

iii) $\displaystyle \lim_{n \to +\infty} V_j(\nu_n) = t, \, t > 0, \, j = 1,2.$

Alors la suite $(\nu_n)_{n \in \mathbb{N}}$ *converge étroitement vers la distribution normale* α_t.

Démonstration. D'après la définition 2.4 et la relation (2.2), on a pour tout $(\lambda, \mu) \in \mathbb{S}$

$$1 - \mathcal{F}(\nu_{n,j})(\lambda, \mu)$$

$$= (\mu^2 + (\alpha+1)^2)V_1(\nu_{n,j}) + \lambda^2 V_2(\nu_{n,j}) + \int_0^\infty \int_{\mathbb{R}} \varepsilon_{\lambda,\mu}(y,\theta)d\nu_{n,j}(y,\theta) \qquad (2.24)$$

d'où

$$|1 - \mathcal{F}(\nu_{n,j})(\lambda, \mu)| \leq |\mu^2 + (\alpha+1)^2|V_1(\nu_{n,j}) + \lambda^2 V_2(\nu_{n,j}) + \int_0^\infty \int_{\mathbb{R}} |\varepsilon_{\lambda,\mu}(y,\theta)|d\nu_{n,j}(y,\theta).$$

D'après les hypothèses i) et ii), on obtient

$$\lim_{n \to +\infty} \sup_{1 \leq j \leq k_n} |1 - \mathcal{F}(\nu_{n,j})(\lambda, \mu)| = 0, \qquad (2.25)$$

de cette relation, on déduit que pour n assez grand on a

$$\mathcal{F}(\nu_{n,j})(\lambda, \mu) \neq 0, \quad 1 \leq j \leq k_n.$$

D'après le i) de la proposition 2.9, on a

$$\mathcal{F}(\nu_{n,j})(0, i(\alpha+1)) = \int_0^\infty \int_{\mathbb{R}} d\nu_{n,j}(y,\theta) = 1.$$

Donc

$$\mathcal{F}(\nu_{n,j})(\lambda, \mu) \neq 0, \quad (\lambda, \mu) \in \mathbb{S}.$$

Ainsi la fonction $\log(\mathcal{F}(\nu_n)(\lambda, \mu))$ est alors bien définie sur $\mathbb{S}$ et on a

$$\log(\mathcal{F}(\nu_n)))(\lambda, \mu) = \sum_{j=1}^{k_n} \log(\mathcal{F}(\nu_{n,j})(\lambda, \mu))$$

qui s'écrit aussi sous la forme

$$\log(\mathcal{F}(\nu_n))(\lambda, \mu) = \sum_{j=1}^{k_n} \log(1 - d_{n,j}(\lambda, \mu)) = -\sum_{j=1}^{k_n} \sum_{m=1}^{+\infty} \frac{(d_{n,j})(\lambda, \mu))^m}{m}$$

où $d_{n,j}(\lambda, \mu) = 1 - \mathcal{F}(\nu_{n,j})(\lambda, \mu)$.
D'après la relation (2.24), on a

$$\sum_{j=1}^{k_n} d_{n,j}(\lambda, \mu) = (\mu^2 + (\alpha+1)^2)V_1(\nu_n) + \lambda^2 V_2(\nu_n) + \sum_{j=1}^{k_n} \int_0^{+\infty} \int_{\mathbb{R}} \varepsilon_{\lambda,\mu}(y,\theta)d\nu_{n,j}(y,\theta).$$

D'après les hypothèses i) et ii) on déduit que

$$\lim_{n \to +\infty} \sum_{j=1}^{k_n} d_{n,j}(\lambda, \mu) = t(\lambda^2 + \mu^2 + (\alpha+1)^2). \qquad (2.26)$$

D'autre part on a

$$\sum_{j=1}^{k_n} \sum_{m=2}^{+\infty} \frac{|d_{n,j}(\lambda, \mu)|^m}{m} \leq \frac{1}{2} \sum_{j=1}^{k_n} \sum_{m=2}^{+\infty} |d_{n,j}(\lambda, \mu)|^m,$$

or on a

$$\sum_{j=1}^{k_n} |d_{n,j}(\lambda,\mu)|^2 \leq \sup_{1 \leq j \leq k_n} |d_{n,j}(\lambda,\mu)|\Big) \Big(\sum_{j=1}^{k_n} |d_{n,j}(\lambda,\mu)|\Big).$$

Des relations (2.25) et (2.26), on déduit que

$$\lim_{n \to +\infty} \sum_{j=1}^{k_n} |d_{n,j}(\lambda,\mu)|^2 = 0.$$

Par suite

$$\lim_{n \to +\infty} \sum_{j=1}^{k_n} |d_{n,j}(\lambda,\mu)|^m = 0, \quad m \geq 2.$$

D'où

$$\lim_{n \to +\infty} \sum_{j=1}^{k_n} \sum_{m=2}^{+\infty} \frac{|d_{n,j}(\lambda,\mu)|^m}{m} = 0. \tag{2.27}$$

De la relation (2.26), on obtient

$$\mathcal{F}(\nu_n)(\lambda,\mu) = \exp\left(-\sum_{j=1}^{k_n} d_{n,j}(\lambda,\mu) \right) \exp\left(-\sum_{j=1}^{k_n} \sum_{m=2}^{+\infty} \frac{(d_{n,j}(\lambda,\mu))^m}{m} \right).$$

Des relations (2.26) et (2.27), on aura

$$\lim_{n \to +\infty} \mathcal{F}(\nu_n)(\lambda,\mu) = \exp(-t(\lambda^2 + \mu^2 + (\alpha+1)^2)), \quad (\lambda,\mu) \in S.$$

D'après le théorème 2.2, la suite $(\nu_n)_{n \in \mathbb{N}}$ convergence étroitement vers la distribution normale α_t. $\qquad \square$

Remarque. Un théorème analogue au théorème 2.3 a été établi par K. Trimèche [24] sur la demi-droite et N. Ben Salem, M.N. Lazhari [4] sur $\mathbb{R}^n \times [0,+\infty[$.

Chapitre 3

Formule de Lèvy-Kintchine

3.1 Laplaciens généralisés

Dans ce paragraphe, on va donner une caractérisation des Laplaciens généralisées sur $[0, +\infty[\times\mathbb{R}$.

Notations. On désigne par

- $\mathcal{E}_0(\mathbb{R}^2) = \{f \in \mathcal{D}_*(\mathbb{R}^2)/\frac{\partial f}{\partial \theta}(0,0) = 0\}$.

- $\mathcal{M}(\mathbb{R}^2) = \{f \in \mathcal{D}_*(\mathbb{R}^2)/\sup_{(y,\theta)\in\mathbb{R}^2} f(y,\theta) = f(0,0) \geq 0\}$.

Lemme 3.1 *On a* $\mathcal{E}_0(\mathbb{R}^2) = \mathcal{M}(\mathbb{R}^2) - \mathcal{M}(\mathbb{R}^2)$.

Démonstration. Il suffit de prouver que si f est une fonction de $\mathcal{E}_0(\mathbb{R}^2)$ vérifiant $f(0,0) = 0$, alors il existe deux fonctions f_1, f_2 de $\mathcal{M}(\mathbb{R}^2)$ telles que

$$f = f_1 - f_2$$

D'après la formule de Taylor, il existe une constante M, telle que

$$|f(y,\theta)| \leq M(y^2 + \theta^2).$$

Soit g une fonction de $\mathcal{D}_*(\mathbb{R}^2)$, positive ou nulle, égale à 1 sur le support de f, on a

$$|f(y,\theta)| \leq M(y^2 + \theta^2)g(y,\theta).$$

Posons

$$f_1(y,\theta) = -M(y^2 + \theta^2)g(y,\theta)$$
$$f_2(y,\theta) = -M(y^2 + \theta^2)g(y,\theta) - f(y,\theta)$$

les fonctions f_1 et f_2 appartiennent à $\mathcal{M}(\mathbb{R}^2)$ et on a $f = f_1 - f_2$. $\qquad\square$

Définition 3.1 *Un Laplacien généralisé sur* $[0, +\infty[\times\mathbb{R}$ *est une forme linéaire réelle sur* $\mathcal{D}_*(\mathbb{R}^2)$, *vérifiant*

$$f \in \mathcal{M}(\mathbb{R}^2) \Rightarrow L(f) \leq 0.$$

Proposition 3.1 *Soit* L *un Laplacien généralisée sur* $[0, +\infty[\times\mathbb{R}$, *alors*
i) La restriction de L *à* $\mathbb{R}^2 \backslash \{(0,0)\}$ *est une mesure de Radon positive.*
ii) Si V *est un voisinage de* $(0,0)$, *la restriction de* L *au complémentaire de* V *est une mesure bornée.*

Démonstration.

i) Soit f une fonction $\mathcal{D}_*(\mathbb{R}^2)$, nulle au voisinage de $(0,0)$ et positive ou nulle, alors $(-f) \in \mathcal{M}(\mathbb{R}^2)$ et on a $L(f) \geq 0$.

Il en résulte que la restriction de L à $\mathbb{R}^2 \backslash \{(0,0)\}$ est une mesure de Radon positive.

ii) Soit V un voisinage de $(0,0)$ et V^c son complémentaire. Soit g une fonction de $\mathcal{D}_*(\mathbb{R}^2)$ dont le support est contenu dans V, et vérifiant $0 \leq u \leq u(0,0) \leq 1$.

Soit f une fonction $\mathcal{D}_*(\mathbb{R}^2)$ nulle sur V.

Posons $h = Mg + f$ où

$$M = \sup_{(y,\theta) \in \mathbb{R}^2} f(y,\theta)$$

la fonction h atteint son maximum au point $(0,0)$ et on a $h(0,0) = M \geq 0$, donc $h \in \mathcal{M}(\mathbb{R}^2)$ et par suite

$$L(h) = ML(g) + L(f) \leq 0,$$

par conséquent $L(f) \leq -ML(g)$.

Ce qui montre que la restriction de L au complémentaire de V est une mesure bornée. $\quad\square$

Lemme 3.2 *Soit*

$$f(t) = \begin{cases} e^{-1/t} & si\ t > 0 \\ 0 & si\ t \leq 0. \end{cases}$$

Posons

$$g(t) = \frac{f(t)}{f(t) + f(1-t)}; \quad h(t) = g(2+t)g(2-t).$$

Alors h est une fonction de classe C^∞ sur $\mathbb{R}$ et on a
- $h(t) = 1$ *pour tout $t \in [-1,1]$.*
- $supp\, h \subset [-2,2]$ *Pour $(y,\theta) \in \mathbb{R}^2$.*
- *Posons*

$$u(y,\theta) = h(\sqrt{y^2 + \theta^2}) \tag{3.1}$$

alors $u \in \mathcal{D}_*(\mathbb{R}^2)$ et l'on a

$$u \equiv 1 \quad sur\ D$$

avec D le disque unité fermé de $\mathbb{R}^2$ de centre $(0,0)$ et on a

$$0 \leq u(y,\theta) \leq 1, \quad (y,\theta) \in [0,+\infty[\times\mathbb{R}.$$

Proposition 3.2 *Supposons que le support de L soit réduit à $\{(0,0)\}$. Alors L est de la forme*

$$L(f) = a\frac{\partial^2 f}{\partial \theta^2}(0,0) + b\,\frac{\partial^2 f}{\partial y^2}(0,0) - cf(0,0) + d\frac{\partial f}{\partial \theta}(0,0)$$

avec $a,b,c \in \mathbb{R}_+$ et $d \in \mathbb{R}$.

Démonstration.

1. Si f est une fonction de $\mathcal{D}_*(\mathbb{R}^2)$ admettant en $(0,0)$ un maximum local positif ou nul, alors $L(f) \leq 0$.

   En effet soit V un voisinage de $(0,0)$ tel que sur V, on ait $f(y,\theta) \leq f(0,0)$.

   Soit v une fonction de $\mathcal{D}_*(\mathbb{R}^2)$, dont le support est contenu dans V, égale à 1 au voisinage de $(0,0)$ et vérifiant

$$0 \leq v(y,\theta) \leq 1, \quad (y,\theta) \in [0,+\infty[\times\mathbb{R}.$$

   La fonction $v.f$ atteint son maximum en $(0,0)$. Comme le support de L est $\{(0,0)\}$, on a $L(f) = L(v.f) \leq 0$.

2. Soit f une fonction $\mathcal{D}_*(\mathbb{R}^2)$, vérifiant

$$f(0,0) = \frac{\partial f}{\partial \theta}(0,0) = \frac{\partial^2 f}{\partial \theta^2}(0,0) = \frac{\partial^2 f}{\partial y^2}(0,0) = 0,$$

alors $L(f) = 0$.

En effet d'après la formule de Taylor il existe une constante c telle que

$$|f(y,\theta)| \leq c(y^2 + \theta^2)^{3/2}.$$

Soit u la fonction donnée par la relation (3.1). Pour $r > 0$, posons

$$f_1(y,\theta) = f(y,\theta) - cr(y^2 + \theta^2)u(y,\theta); \quad f_2(y,\theta) = -f(y,\theta) - cr(y^2 + \theta^2)u(y,\theta).$$

Les fonctions f_1 et f_2 sont négatives ou nulles dans le disque fermée de centre (0,0) et de rayon r.

D'après 1), on a

$$L(f_j) \leq 0, \quad j = 1,2.$$

Par suite

$$|L(f)| \leq crL((y^2 + \theta^2)u).$$

Cette dernière inégalité ayant lieu pour tout r, on en déduit que $L(f) = 0$.

3. Soit f une fonction de $\mathcal{D}_*(\mathbb{R}^2)$ et soit u la fonction $\mathcal{D}_*(\mathbb{R}^2)$ donnée par la relation (3.1), posons

$$g(y,\theta) = f(y,\theta) - \left[f(0,0) + \theta\frac{\partial f}{\partial \theta}(0,0) + \frac{\theta^2}{2}\frac{\partial^2 f}{\partial \theta^2}(0,0) + \frac{y^2}{2}\frac{\partial^2 f}{\partial y^2}(0,0) \right] u(y,\theta)$$

alors

$$g(0,0) = \frac{\partial g}{\partial \theta}(0,0) = \frac{\partial^2 g}{\partial \theta^2}(0,0) = \frac{\partial^2 g}{\partial y^2}(0,0) = 0.$$

D'après 2), on déduit que $L(g) = 0$.

Par conséquent

$$L(f) = f(0,0)L(u) + \frac{\partial f}{\partial \theta}(0,0)L(\theta u) + \frac{1}{2}\frac{\partial^2 f}{\partial \theta^2}(0,0)L(\theta^2 u) + \frac{1}{2}\frac{\partial^2 f}{\partial y^2}(0,0)L(y^2 u)$$

puisque $u \in \mathcal{M}$, on a

$$a = \frac{1}{2}L(\theta^2 u) \geq 0; \quad b = \frac{1}{2}L(y^2 u) \geq 0; \quad d = L(\theta u) \in \mathbb{R}; \quad c = -L(u) \geq 0,$$

d'où le résultat. $\qquad\square$

Théorème 3.1 *Un Laplacien généralisé L sur $[0,+\infty[\times\mathbb{R}$ est de la forme*

$$
\begin{aligned}
L(f) &= a\frac{\partial^2 f}{\partial \theta^2}(0,0) + b\frac{\partial^2 f}{\partial y^2}(0,0) - cf(0,0) + d\frac{\partial f}{\partial \theta}(0,0) \\
&+ \int_{[0,+\infty[\times\mathbb{R}\backslash\{(0,0)\}} \left(f(y,\theta) - \frac{\partial f}{\partial \theta}(0,0)\theta u(y,\theta) - f(0,0) \right) d\nu(y,\theta)
\end{aligned}
$$

où $a,b,c \in \mathbb{R}_+, d \in \mathbb{R}, U$ la fonction définie par la relation (3.1) et ν une mesure de Radon positive sur $[0,+\infty[\times\mathbb{R}\{(0,0)\}$, vérifiant

$$\int_{[0,+\infty[\times\mathbb{R}\backslash\{(0,0)\}} \frac{\theta^2 + y^2}{1 + \theta^2 + y^2} d\nu(y,\theta) < +\infty.$$

Démonstration.

i) Soit f une fonction de $\mathcal{M}(\mathbb{R}^2)$, montrons que la forme linéaire définie sur $\mathcal{D}_*(\mathbb{R}^2)$ par

$$L_f(g) = L([f(0,0) - f] g),$$

est une mesure de Radon positive.

Soit g une fonction de $\mathcal{D}_*(\mathbb{R}^2)$, positive ou nulle, alors $(f(0,0) - f)g$ est une fonction de $\mathcal{M}(\mathbb{R}^2)$, donc $L_f(g) \geq 0$.

ii) D'après le ii) de la proposition 3.1, la restriction de L à $\mathbb{R}^2 \backslash \{0,0\}$ est une mesure de Radon positive ν_1.

La restriction de L_f à $\mathbb{R}^2 \backslash \{(0,0)\}$ est donc égale à $(f(0,0) - f)\nu_1$.

D'après la formule de Taylor on a

$$\int_D (y^2 + \theta^2) d\nu_1(y,\theta) < +\infty.$$

où D est le disque unité ouvert de $\mathbb{C}$.

En utilisant de nouveau le ii) de la proposition 3.1, on obtient

$$\int_{\bar{D}^C} d\nu_1(y,\theta) < +\infty,$$

où $\bar{D}^C = \{(y,\theta) \in \mathbb{R}^2 / y^2 + \theta^2 > 1\}$.

Par suite

$$\int_{\mathbb{R}^2 \backslash \{(0,0)\}} \frac{y^2 + \theta^2}{1 + y^2 + \theta^2} d\nu_1(y,\theta) < +\infty.$$

iii) La mesure L_f s'écrit

$$L(f) = -A(f)\delta_{(0,0)} + (f(0,0) - f)\nu_1 \tag{3.2}$$

où $\delta_{(0,0)}$ est la mesure de Dirac au point $(0,0)$.

L'application A est définie sur $\mathcal{M}(\mathbb{R}^2)$, elle est additive et positivement homogène, dont le support est réduit à $\{(0,0)\}$.

Elle se prolonge sur $\mathcal{E}_0(\mathbb{R}^2)$ en posant pour $f \in \mathcal{E}_0(\mathbb{R}^2)$

$$A(f) = A(f_1) - A(f_2)$$

où f_1 et f_2 sont les deux fonctions de $\mathcal{M}(\mathbb{R}^2)$ données par le lemme 3.1.

Cette définition ne dépend pas du choix de f_1 et f_2, en effet si

$$f = f_1 - f_2 = g_1 - g_2$$

alors

$$A(f_1) + A(g_2) = A(f_2) + A(g_1)$$

d'où

$$A(f_1) - A(f_2) = A(g_1) - A(g_2).$$

On prolonge A sur $\mathcal{D}_*(\mathbb{R}^2)$, comme suit :

Soit f une fonction de $D_*(\mathbb{R}^2)$, l'espace $\mathcal{E}_0(\mathbb{R}^2)$ étant de codimension 1 alors $f = g + \lambda h$ où $\lambda \in \mathbb{R}, g \in \mathcal{E}_0(\mathbb{R}^2)$ et $h \in \mathcal{D}_*(\mathbb{R}^2)$ telle que

$$\frac{\partial h}{\partial \theta}(0,0) \neq 0.$$

On pose

$$A(f) = A(g)$$

ainsi A est un Laplacien généralisé sur $[0, +\infty[\times \mathbb{R}$, de support $\{(0,0)\}$, sa forme est donnée par la proposition 3.2.

iv) La mesure ν_1 donnée par la relation (3.2) étant bornée à l'infini, en écrivant

$$1 = (1-u) + u$$

où u est la fonction de $\mathcal{D}_*(\mathbb{R}^2)$ définie par la relation (3.1).
Le nombre $L(1)$ est alors bien défini. Pour $f \in \mathcal{E}(\mathbb{R}^2)$, on a

$$L(f) = f(0,0)L(1) - L_f(1).$$

soit encore

$$L(f) = f(0,0)L(1) + A(f) + \int_{\mathbb{R}^2\setminus\{(0,0)\}} (f(y,\theta) - f(0,0))d\nu_1(y,\theta).$$

Pour $f \in \mathcal{D}_*(\mathbb{R}^2)$, posons

$$g(y,\theta) = f(y,\theta) - \frac{\partial f}{\partial \theta}(0,0)\theta u(y,\theta)$$

u étant la fonction de $D_*(\mathbb{R}^2)$ donnée par la relation (3.1).
Alors $g \in \mathcal{E}_0(\mathbb{R}^2)$, et on a

$$L(f) = L(g) + \frac{\partial f}{\partial \theta}(0,0)L(\theta u(y,\theta)).$$

En utilisant la proposition 3.2, on déduit que

$$L(f) = f(0,0)L(1) + \frac{\partial f}{\partial \theta}(0,0)L(\theta u(y,\theta)) + a\frac{\partial^2 f}{\partial \theta^2}(0,0) + b\frac{\partial^2 f}{\partial y^2}(0,0) - cf(0,0)$$

$$+ \int_{\mathbb{R}^2\setminus\{(0,0)\}} (f(y,\theta) - \frac{\partial f}{\partial \theta}(0,0)\theta u(y,\theta) - f(0,0))d\nu_1(y,\theta).$$

Or $L(1) \leq 0$, en posant

$$d = L(\theta u(y,\theta)); \quad d\nu(y,\theta) = \frac{1}{2}(d\nu_1(y,\theta) + d\nu_1(y,-\theta))$$

on obtient le résultat annoncé. □

3.2 Semi-groupes de convolution

Le résultat fondamental de ce paragraphe est la formule de Lévy-Kintchine. Sur ce sujet, on peut consulter les travaux de H. Chébli [7] sur la demi-droite et de K. Trimèche sur la demi-droite [24] et le disque unité [22] (voir aussi [3]).

Définition 3.2 *Une famille $(\sigma_t)_{t>0}$ de mesures positives bornées sur $[0,+\infty[\times\mathbb{R}$ est dite semi-groupe de convolution, si*
  i) $\sigma_t([0,+\infty[\times\mathbb{R}) \leq 1$.
  ii) $\sigma_0 = \delta_{(0,0)}$.
  iii) $\sigma_t * \sigma_s = \sigma_{t+s}$, $t,s \geq 0$, où $*$ est le produit de convolution généralisé donné par la définition 2.3.
  iii) L'application $t \to \sigma_t$ est vaguement continue.

Pour $(\lambda, \mu) \in \mathbb{S} \cup \{(0, i(\alpha + 1))\}$, considérons l'application

$$h : t \to \mathcal{F}(\sigma_t)(\lambda, \mu),$$

alors h vérifie
  a) $h(0) = 1$.
  b) $h(t + s) = h(t)h(s)$, $t, s \geq 0$.
  c) h est continue eet bornée par 1.
Par conséquent, il existe une fonction $\Psi : \mathbb{S} \cup \{(0, i(\alpha + 1))\} \to \mathbb{C}$, telle que

$$\mathcal{F}(\sigma_t)(\lambda, \mu) = e^{-\Psi(\lambda, \mu)}, \quad (\lambda, \mu) \in \mathbb{S} \cup \{(0, i(\alpha + 1))\}. \tag{3.3}$$

Lemme 3.3 *Soit* $(\sigma_t)_{t>0}$ *un semi-groupe de convolution sur* $[0, +\infty[\times\mathbb{R}$. *Alors la fonction* Ψ *donnée par la relation (3.1) est continue sur* $\mathbb{S} \cup \{(0, i(\alpha + 1))\}$ *et l'on a*

$$\mathrm{Re}(\Psi(\lambda, \mu)) \geq \Psi(0, i(\alpha + 1)) \geq 0, \quad (\lambda, \mu) \in \mathbb{S} \cup \{(0, i(\alpha + 1))\}. \tag{3.4}$$

Démonstration. Pour la continuité de la fonction Ψ on pourra voir [5, Lemma 3.4].
D'autre part d'après la relation (3.1) et le corollaire 1.4, on a

$$|\mathcal{F}(\sigma_t)(\lambda, \mu)| = e^{-tRe(\Psi(\lambda, \mu))} = \left| \int_0^{+\infty} \int_{\mathbb{R}} \varphi_{-\lambda, \mu}(y, \theta) d\sigma_t(y, \theta) \right| \leq \sigma_t([0, +\infty[\times\mathbb{R}) \leq 1.$$

car

$$\sup_{(y, \theta) \in [0, +\infty[\times\mathbb{R}} |\varphi_{\lambda, \mu}(y, \theta)| \leq 1.$$

Comme

$$\varphi_{(0, i(\alpha + 1))}(y, \theta) = 1, \quad (y, \theta) \in [0, +\infty[\times\mathbb{R},$$

on obtient

$$\mathcal{F}(\sigma_t)(0, i(\alpha + 1)) = e^{-t\Psi(0, i(\alpha + 1))} = \sigma_t([0, +\infty[\times\mathbb{R}) \leq 1,$$

par suite

$$e^{-tRe(\Psi(\lambda, \mu))} \leq e^{-t\Psi(0, i(\alpha + 1))} \leq 1,$$

d'où

$$Re(\Psi(\lambda, \mu)) \geq \Psi(0, i(\alpha + 1)) \geq 0, \quad (\lambda, \mu) \in \mathbb{S} \cup \{(0, i(\alpha + 1))\}.$$

D'où le résultat. $\qquad\qquad\qquad\qquad\qquad\qquad\qquad\qquad\qquad\qquad\qquad\square$
Remarques.

  1. D'aprés la relation (3.1), on a

$$\Psi(\lambda, \mu) = \lim_{t \to 0} \frac{1 - \mathcal{F}(\sigma_t)(\lambda, \mu)}{t}, \quad (\lambda, \mu) \in \mathbb{S} \cup \{(0, i(\alpha + 1))\}. \tag{3.5}$$

  2. Pour tout $t > 0$, posons

$$\Psi_t(\lambda, \mu) = \frac{1 - \mathcal{F}(\sigma_t)(\lambda, \mu)}{t},$$

alors on a

$$|\Psi_t(\lambda, \mu)| \leq |\Psi(\lambda, \mu)|, \quad (\lambda, \mu) \in S \cup \{(0, i(\alpha + 1))\}.$$

Lemme 3.4 *On a*

$$0 \leq 1 - (chy)^\lambda \varphi_\mu^{(\alpha, \lambda)}(y) \leq (\lambda^2 + \mu^2 + (\alpha + 1)^2) \frac{y^2}{2}$$

pour tous $(\lambda, \mu) \in \mathbb{S} \cup \{(0, i(\alpha + 1))\}$ *et* $y \geq 0$.

Démonstration. Pour $(\lambda, \mu) \in \mathbb{S} \cup \{(0, i(\alpha + 1))\}$, fixé, posons

$$\varphi(y) = (chy)^\lambda \varphi_\mu^{(\alpha,\lambda)}(y), \quad y > 0.$$

D'après le théorème 1.1, la fonction φ vérifie l'équation différentielle

$$\varphi'' + ((2\alpha + 1)cothy + tgy)\varphi' = -(\mu^2 + (\alpha + 1)^2 + \frac{\lambda^2}{ch^2y})\varphi$$

soit encore

$$\frac{1}{A_\alpha}(A_\alpha\varphi')' = -(\mu^2 + (\alpha + 1)^2 + \frac{\lambda^2}{ch^2y})\varphi$$

avec

$$A_\alpha(y) = 2^{2\alpha+1}(shy)^{2\alpha+1}chy.$$

d'où

$$1 - \varphi(y) = \int_0^y \frac{1}{A_\alpha(x)} \int_0^x (\mu^2 + (\alpha + 1)^2 + \frac{\lambda^2}{ch^2t})\varphi(t)A_\alpha(t)dtdx$$

or

$$|\varphi(y)| = |\varphi_{\lambda,\mu}(y,0)| \leq 1, \quad y \geq 0$$

par suite pour tout $y \geq 0$

$$0 \leq 1 - \varphi(y) \leq \int_0^y \frac{1}{A_\alpha(x)} \int_0^x (\mu^2 + (\alpha + 1)^2 + \lambda^2)A_\alpha(t)dtdx \leq (\mu^2 + (\alpha + 1)^2 + \lambda^2)\frac{y^2}{2}.$$

Ce qui donne la relation (3.4). □

Lemme 3.5   *i) Soit $\mu_0 > 0$. Alors il existe $y_0 > 0$ tel que*

$$1 - \varphi_{0,\mu_0}(y) \geq \frac{1}{2}, \quad y \geq y_0.$$

ii) Soit $\mu_1 > 0$. Alors il existe une constante $k_0 > 0$ telle que

$$1 - \varphi_{0,\mu_1}(y) \geq k_0y^2, \quad y \in [0, y_0].$$

Démonstration.
i) Soit $\mu_0 > 0$. D'après le comportement asymptotique de la fonction de Jacobi $\varphi_\mu^{(\alpha,\lambda)}$ lorsque y tend vers $+\infty$ (voir [10, p.87]), on a

$$\lim_{y \to +\infty} \varphi_{0,\mu_0}(y, \theta) = 0$$

donc, il existe $y_0 > 0$, telle que

$$\varphi_{0,\mu_0}(y, \theta) \leq \frac{1}{2}, \quad y \geq y_0$$

soit encore

$$1 - \varphi_{0,\mu_0}(y, \theta) \geq \frac{1}{2}, \quad y \geq y_0.$$

ii) Soit $\mu_1 > 0$, fixé et soit h_1 la fonction définie par

$$h_1(y) = \begin{cases} \dfrac{1 - \varphi_{0,\mu_1}(y, \theta)}{y^2}, & y \neq 0 \\ \dfrac{\mu_1^2 + (\alpha + 1)^2}{2(\alpha + 1)}, & y = 0 \end{cases}$$

35

alors h_1 est continue sur $[0, +\infty[$ et on a

$$h_1(y) > 0, \quad y \in [0, y_0]$$

Posons

$$k_0 = \inf_{y \in [0, y_0]} h_1(y) > 0$$

ainsi, on a

$$h_1(y) \geq k_0, \quad y \in [0, y_0]$$

par suite

$$1 - \varphi_{0, \mu_1}(y, \theta) \geq k_0 y^2, \quad y \in [0, y_0].$$

$\square$

Remarque. Soit $(\sigma_t)_{t \geq 0}$ un semi-groupe de convolution sur $[0, +\infty[\times \mathbb{R}$.
Posons pour f continue sur $\mathbb{R}$ à support compact

$$\tilde{\sigma}_t(f) = \int_0^{y_0} \int_{\mathbb{R}} f(\theta) d\tilde{\sigma}_t(y, \theta)$$

et

$$\mathcal{F}_0(\tilde{\sigma}_t)(\lambda) = \int_{\mathbb{R}} e^{-i\lambda\theta} d\tilde{\sigma}_t(\theta), \quad \lambda \in \mathbb{R}$$

alors $(\tilde{\sigma}_t)_{t \geq 0}$ est un semi-groupe de convolution sur $\mathbb{R}$.
D'après la relation (3.3) il existe une fonction $\tilde{\Psi}$ continue sur $\mathbb{R}$, telle que

$$\mathcal{F}_0(\tilde{\sigma}_t)(\lambda) = \exp(-t\tilde{\Psi}(\lambda)), \quad \lambda \in \mathbb{R}.$$

D'après [18, Théorème 3], il existe une constante positive M telle que

$$|\tilde{\Psi}(\lambda)| \leq \tilde{\Psi}(0) + M\lambda^2$$

et

$$\tilde{\Psi}(\lambda) = \tilde{\Psi}(0) + \lim_{t \to 0} \frac{1}{t} \int_{\mathbb{R}} (1 - e^{-i\lambda\theta}) d\tilde{\sigma}_t(\theta)$$

d'où

$$\lim_{t \to 0} \left| \frac{1}{t} \int_{\mathbb{R}} (1 - e^{-i\lambda\theta}) d\tilde{\sigma}_t(\theta) \right| \leq M\lambda^2. \tag{3.6}$$

Proposition 3.3 *Il existe des constantes positives* $(k_j)_{j=1,2,3}$ *telles que*

$$|\Psi(\lambda, \mu)| \leq k_1 + k_2\lambda^2 + k_3(\lambda^2 + \mu^2 + (\alpha+)^2).$$

Démonstration.
  i) La fonction Ψ_t s'écrit

$$
\begin{aligned}
\Psi_t(\lambda, \mu) &= \Psi_t(0, i(\alpha+1)) + \frac{1}{t} \int_{y_0}^{+\infty} \int_{\mathbb{R}} (1 - \varphi_{-\lambda, \mu}(y, \theta)) d\sigma_t(y, \theta) \\
&+ \frac{1}{t} \int_0^{y_0} \int_{\mathbb{R}} (1 - e^{-i\lambda\theta}) d\sigma_t(y, \theta) \\
&+ \frac{1}{t} \int_0^{y_0} \int_{\mathbb{R}} e^{-i\lambda\theta} (1 - (\cosh y)^\lambda \varphi_\mu^{(\alpha, \lambda)}(y)) d\sigma_t(y, \theta)
\end{aligned}
$$

où y_0 est donné par le i) du lemme 3.5.

Par suite, en utilisant le lemme 3.4, on obtient

$|\Psi_t(\lambda, \mu)|$

$$
\begin{aligned}
\leq \quad & \Psi_t(0, i(\alpha+1)) + \frac{2}{t}\sigma_t([0, y_0[\times\mathbb{R}) + |\frac{1}{t}\int_0^{y_0}\int_\mathbb{R}(1 - e^{-i\lambda\theta})d\sigma_t(y,\theta)| \\
+ \quad & (\mu^2 + (\alpha+1)^2 + \lambda^2)\frac{1}{2t}\int_0^{y_0}\int_\mathbb{R} y^2 d\sigma_t(y,\theta)
\end{aligned}
\tag{3.7}
$$

ii) a) D'après le i) du lemme 3.5, on a pour $\mu_0 > 0$, fixé

$$
\Psi_t(0, \mu_0) \geq \frac{1}{2t}\int_{y_0}^{+\infty}\int_\mathbb{R} d\sigma_t(y, \theta).
\tag{3.8}
$$

b) D'après le ii) du lemme 3.5 , on a pour $\mu_1 > 0$, fixé

$$
\Psi_t(0, \mu_1) \geq \frac{k_0}{t}\int_0^{y_0}\int_\mathbb{R} y^2 d\sigma_t(y, \theta).
\tag{3.9}
$$

iii) Des relations (3.7), (3.8) et (3.9), on déduit que

$$
\begin{aligned}
|\Psi_t(\lambda, \mu)| \quad \leq \quad & \Psi_t(0, i(\alpha+1)) + 4\Psi_t(0, \mu_0) + \frac{(\mu^2 + (\alpha+1)^2 + \lambda^2)}{2k_0}\Psi_t(0, \mu_1) \\
+ \quad & |\frac{1}{t}\int_0^{y_0}\int_\mathbb{R}(1 - e^{-i\lambda\theta})d\sigma_t(y,\theta)|.
\end{aligned}
$$

En faisant tendre t vers 0 et en utilisant la relation (3.6), on obtient

$$
|\Psi(\lambda, \mu)| \leq \Psi(0, i(\alpha+1)) + 4\Psi(0, \mu_0) + (\mu^2 + (\alpha+1)^2 + \lambda^2)\frac{\Psi(0, \mu_1)}{2k_0} + M\lambda^2
$$

en posant

$$
k_1 = \Psi(0, i(\alpha+1)) + 4\Psi(0, \mu_0); \quad k_2 = M; \quad k_3 = \frac{\Psi(0, \mu_1)}{2k_0}
$$

on obtient le résultat. $\qquad\square$

Soit $(\sigma_t)_{t\geq 0}$ un semi-groupe de convolution sur $[0, +\infty[\times\mathbb{R}$. On considère le semi-groupe d'opérateurs défini par

$$
P_t(f) = \sigma_t * f
\tag{3.10}
$$

avec $*$ le produit de convolution généralisée donné par la définition 2.3.

Soit Q le générateur infinitésimal du semi-groupe $(P_t)_{t\geq 0}$, et soit D_Q le domaine de Q, donné par

$$
D_Q = \left\{ f / \lim_{t\to 0} \frac{P_t(f) - f}{t} \quad \text{existe} \right\}.
$$

Lemme 3.6 *On a* $\mathcal{D}_*(\mathbb{R}^2) \subset D_Q$.

Démonstration. Soit $f \in \mathcal{D}_*(\mathbb{R}^2)$, on a

$$
\mathcal{F}\left(\frac{P_t(f) - f}{t}\right)(\lambda, \mu) = \frac{1}{t}(\mathcal{F}(\sigma_t)(\lambda, \mu) - 1)\mathcal{F}(f)(\lambda, \mu)
$$

d'où

$$
\lim_{t\to 0} \mathcal{F}\left(\frac{P_t(f) - f}{t}\right)(\lambda, \mu) = -\Psi(\lambda, \mu)\mathcal{F}(f)(\lambda, \mu)
$$

mais d'après la proposition 3.3, la fonction $\Psi\mathcal{F}(f)$ est intégrable par rapport à la mesure γ. Alors

$$\lim_{t\to 0}\frac{P_t(f)(y,\theta)-f(y,\theta)}{t} = -\int_S \Psi(\lambda,\mu)\mathcal{F}(f)(\lambda,\mu)\varphi_{\lambda,\mu}(y,\theta)d\gamma(\lambda,\mu) \qquad (3.11)$$

d'où $f \in D_Q$. $\qquad\qquad\qquad\qquad\qquad\qquad\qquad\qquad\qquad\qquad\qquad\qquad\qquad\qquad\square$

Théorème 3.2 *Une famille de mesures positives bornées sur $[0,+\infty[\times\mathbb{R}$ est un semi-groupe de convolution si et seulement si*

$$\mathcal{F}(\sigma_t)(\lambda,\mu) = \exp(-t\Psi(\lambda,\mu)), \quad (\lambda,\mu) \in \mathbb{S}\cup\{(0,i(\alpha+1))\}$$

avec

$$\begin{aligned}
\Psi(\lambda,\mu) &= a + b\lambda^2 + \frac{c}{2(\alpha+1)}(\lambda^2+\mu^2+(\alpha+1)^2) + id\lambda \\
&+ \int_{[0,+\infty[\times\mathbb{R}\backslash\{(0,0)\}}(1+i\lambda\theta u(y,\theta)-\varphi_{\lambda,\mu}(y,\theta))d\nu(y,\theta)
\end{aligned}$$

où a,b,c sont dans $\mathbb{R}_+, d\in\mathbb{R}$, u la fonction de $\mathcal{D}_*(\mathbb{R}^2)$ définie par la relation (3.1) et ν une mesure de Radon positive sur $[0,+\infty[\times\mathbb{R}\backslash\{[0,0)\}$, vérifiant

$$\int_{[0,+\infty[\times\mathbb{R}\backslash\{(0,0)\}}\frac{\theta^2+y^2}{1+\theta^2+y^2}d\nu(y,\theta) < +\infty.$$

Démonstration. Soit Q le générateur infinitésimal du semi-groupe $(P_t)_{t\geq 0}$ associé au semi-groupe $(\sigma_t)_{t\geq 0}$ par la relation (3.10).

On considère L la forme linéaire définie sur $D_*(\mathbb{R}^2)$, par

$$L(f) = Q(f)(0,0).$$

Soit $f \in \mathcal{D}_*(\mathbb{R}^2)$, telle que

$$\sup_{(y,\theta)\in\mathbb{R}^2} f(y,\theta) = f(0,0) \geq 0$$

alors

$$\frac{P_t(f)(0,0)-f(0,0)}{t} \leq \frac{1}{t}\left[\int_0^{+\infty}\int_{\mathbb{R}}d\sigma_t(y,\theta)-1\right]f(0,0) \leq 0$$

d'où

$$L(f) \leq 0$$

par suite L est un Laplacien généralisé sur $[0,+\infty[\times\mathbb{R}$, sa forme est donnée par le théorème 3.1.

En utilisant le théorème 1.4 et le fait que

$$\frac{\partial\varphi_{\lambda,\mu}}{\partial\theta}(0,0)=i\lambda, \quad \frac{\partial^2\varphi_{\lambda,\mu}}{\partial\theta^2}(0,0)=-\lambda^2$$

$$\frac{\partial^2\varphi_{\lambda,\mu}}{\partial y^2}(0,0)=-\frac{\mu^2+(\alpha+1)^2+\lambda^2}{2(\alpha+1)}$$

on déduit que pour f dans $\mathcal{D}_*(\mathbb{R}^2)$ et que l'on a

$$\int_S \Psi(\lambda,\mu)\mathcal{F}(f)(\lambda,\mu)d\gamma(\lambda,\mu)$$

$$\begin{aligned}
&= \int_S[a+b\lambda^2+\frac{c}{2(\alpha+1)}(\lambda^2+\mu^2+(\alpha+1)^2]d\lambda+id\lambda \\
&+ \int_{[0,+\infty[\times\mathbb{R}\backslash\{(0,0)\}}(1+i\lambda\theta U(y,\theta)-\varphi_{\lambda,\mu}(y,\theta)]\mathcal{F}(f)(\lambda,\mu)d\gamma(\lambda,\mu). \qquad (3.12)
\end{aligned}$$

Soit α_1 la fonction de classe C^∞ sur $\mathbb{R}^2$, paire par rapport à y et à décroissance rapide telle que

$$\mathcal{F}(\alpha_1)(\lambda, \mu) = \exp(-(\lambda^2 + \mu^2 + (\alpha + 1)^2))$$

donnée par le théorème 3.1.

Alors pour $f \in \mathcal{D}_*(\mathbb{R}^2)$, on a $f * \alpha_1 \in D_Q$.

Posons

$$
\begin{aligned}
g(\lambda, \mu) &= \{\Psi(\lambda, \mu) - \left[a + b\lambda^2 + \frac{c}{2(\alpha + 1)}(\lambda^2 + \mu^2 + (\alpha + 1)\right] \\
&+ \int_{[0, +\infty[\times\mathbb{R}\setminus\{(0,0)\}} (1 + i\lambda\theta U(y, \theta) - \varphi_{\lambda, \mu}(y, \theta))d\nu(y, \theta)]\}e^{-(\lambda^2 + \mu^2 + (\alpha + 1)^2)}d\gamma(\lambda, \mu).
\end{aligned}
$$

D'après la relation (3.12), on a

$$\int_S g(\lambda, \mu)\mathcal{F}(f)(\lambda, \mu)d\gamma(\lambda, \mu) = 0, \quad f \in \mathcal{D}_*(\mathbb{R}^2).$$

En utilisant le théorème 1.6, on obtient :

$$\int_0^{+\infty} \int_\mathbb{R} \mathcal{F}^{-1}(g)(y, \theta)f(y, \theta)A_\alpha(y)dyd\theta = 0, \quad f \in \mathcal{D}_*(\mathbb{R}^2)$$

d'où

$$\mathcal{F}^{-1}(g)(y, \theta) = 0 \quad \text{p.p.}$$

par suite

$$g(\lambda, \mu) = 0, \gamma \quad \text{p.p.}$$

or g est continue sur $\mathbb{S}$, donc

$$g \equiv 0 \quad \text{sur } \mathbb{S}$$

d'où

$$
\begin{aligned}
\Psi(\lambda, \mu) &= a + b\lambda^2 + \frac{c}{2(\alpha + 1)}(\lambda^2 + \mu^2 + (\alpha + 1)^2) + id\lambda \\
&\int_{[0, +\infty[\times\mathbb{R}\setminus\{(0,0)\}} (1 + i\lambda\theta u(y, \theta) - \varphi_{\lambda, \mu}(y, \theta))d\nu(y, \theta)
\end{aligned}
$$

$\square$

Corollaire 3.1 *Soient $(\sigma_t)_{t\geq 0}$ un semi-groupe de convolution sur $[0, +\infty[\times\mathbb{R}$ et Q le générateur infinitésimal du semi-groupe d'opérateurs $(P_t)_{t\geq 0}$ associé à $(\sigma_t)_{t\geq 0}$ par la relation (3.10). Alors pour $f \in D_*(\mathbb{R}^2)$ on a*

$$
\begin{aligned}
Q(f)(y, \theta) &= -af(y, \theta) + bD_1^2 f(y, \theta) + \frac{c}{2(\alpha + 1)}(D_1^2 + D_2 - (\alpha + 1)^2)f(y, \theta) - dD_1 f(y, \theta) \\
&+ \int_{[0, +\infty[\times\mathbb{R}\setminus\{(0,0)\}} (T_{(y,\theta)}f(t, \tau) - f(y, \theta) - tu(t, \tau)D_1 f(t, \tau))d\nu(t, \tau).
\end{aligned}
$$

avec a, b, c, d, U et ν comme dans le théorème 3.2.

Démonstration. Le résultat découle de la relation (3.11) et du théorème 3.2. $\square$

Chapitre 4

Probabiltés infiniment divisibles

4.1 Résolvantes et semi-groupes transients.

Dans ce pragraphe, on va montrer qu'il y a une correspondance bijective entre les semi-groupes de convolution sur $[0, +\infty[\times \mathbb{R}$ et les résolvantes. On montrera ensuite que les semi-groupes de convolution formés par les mesures symétriques sont transients.

Des résultas analogues ont été obtenus par [12] et [13].

Définition 4.1 *Une famille* $(\rho_s)_{s>0}$ *de mesures positives sur* $[0, +\infty[\times \mathbb{R}$ *est dite famille de mesures résolvantes, si*

i) Pour tout $s > 0$, *on a*
$$s\rho_s(0, +\infty[\times\mathbb{R}) \leq 1.$$

ii) Pour tout $s, t > 0$, *on a*
$$\rho_s - \rho_t = (t - s)\rho_s * \rho_t. \tag{4.1}$$

Remarque. La relation (4.1) est appelée équation résolvante.

Lemme 4.1 *Soit* $(\rho_s)_{s>0}$ *une famille de mesures résolvantes sur* $[0, +\infty[\times\mathbb{R}$. *On pose pour tout* $s > 0$
$$\Lambda_s = \{(\lambda, \mu) \in \mathbb{S} \cup \{(0, i(\alpha+1))\}/\mathcal{F}(\rho_s)(\lambda, \mu) \neq 0\}.$$

Alors Λ_s *ne dépend pas de* $s > 0$.

Démonstration. D'aprés la relation (4.1), pour tous $s, t \in [0, +\infty[\times\mathbb{R}$, on a
$$\mathcal{F}(\rho_s) - \mathcal{F}(\rho_t) = (t - s)\mathcal{F}(\rho_s)\mathcal{F}(\rho_t),$$

d'où $\Lambda_s = \Lambda_t$ $\qquad\square$

Proposition 4.1 *Soit* $(\sigma_t)_{t>0}$ *un semi-groupe de convolution sur* $[0, +\infty[\times\mathbb{R}$. *Pour tout* $s > 0$ *on pose*
$$\rho_s = \int_0^{+\infty} e^{-st}\sigma_t dt.$$

Alors $(\rho_s)_{s>0}$ *est une famille de mesures résolvantes.*

Démonstration. D'aprés le théorème de Fubini, on a pour tout $s > 0$
$$\mathcal{F}(\rho_s)(\lambda, \mu) = \int_0^{+\infty} e^{-t(s+\psi(\lambda,\mu))}dt$$

or d'après le lemme 3.5, on a
$$Re\psi(\lambda, \mu) \geq 0, \quad (\lambda, \mu) \in \mathbb{S} \cup \{(0, i(\alpha+1))\},$$

41

donc

$$s + \psi(\lambda, \mu) * 0, \quad (\lambda, \mu) \in \mathbb{S} \cup \{(0, i(\alpha+1))\},$$

par suite

$$\mathcal{F}(\rho_s)(\lambda, \mu) = \frac{1}{s + \psi(\lambda, \mu)}, \quad (\lambda, \mu) \in \mathbb{S} \cup \{(0, i(\alpha+1))\}.$$

D'où, pour tous $s, t \in [0, +\infty[\times \mathbb{R}$, on a

$$\mathcal{F}(\rho_s) - \mathcal{F}(\rho_t) = (t - s)\mathcal{F}(\rho_s)\mathcal{F}(\rho_t).$$

Le résultat découle de la proposition 4.3. $\qquad\square$

Lemme 4.2 *Soit ϕ une fonction continue sur $\mathbb{S} \cup \{(0, i(\alpha+1))\}$. On suppose qu'il existe une mesure σ positive bornée sur $[0, +\infty[\times\mathbb{R}$, telle que*

$$\mathcal{F}(\sigma)(\lambda, \mu) = \phi(\lambda, \mu), \quad (\lambda, \mu) \in \mathbb{S} \cup \{(0, i(\alpha+1))\}.$$

Alors pour tout $t > 0$, il existe une mesure positive σ_t, telle que

$$\mathcal{F}(\sigma_t)(\lambda, \mu) = e^{-t[\phi(0, i(\alpha+1)) - \phi(\lambda, \mu)]}, \quad (\lambda, \mu) \in \mathbb{S} \cup \{(0, i(\alpha+1))\}.$$

Démonstration. Soit $t > 0$, fixé. Posons, pour $n \geq 1$

$$\phi_n(\lambda, \mu) = \left(1 - t\frac{\phi(0, i(\alpha+1)) - \phi(\lambda, \mu)}{n}\right)^n$$

et

$$\|\sigma\| = \sigma([0, +\infty[\times\mathbb{R}).$$

Considérons pour $n \geq t\|\sigma\|$, la suite de mesures σ_n positives bornées sur $[0, +\infty[\times\mathbb{R}$ définies par

$$\sigma_n = \left(\delta_{(0,0)} - t\frac{\|\sigma\|\delta_{(0,0)} - \sigma}{n}\right)^{*^n},$$

avec $*^n$ le produit de convolution généralisé n fois.
On a

$$\lim_{n\to+\infty} \mathcal{F}(\sigma_n)(\lambda, \mu) = e^{-t[\phi(0, i(\alpha+1)) - \phi(\lambda, \mu)]}.$$

D'aprés le théorème 2.2, il existe une mesure σ_t positive bornée sur $[0, +\infty[\times\mathbb{R}$ telle que

$$\mathcal{F}(\sigma_t)(\lambda, \mu) = e^{-t[\phi(0, i(\alpha+1)) - \phi(\lambda, \mu)]},$$

d'où le résultat. $\qquad\square$

Théorème 4.1 *Soit $(\rho_s)_{s>0}$ une famille de mesures résolvantes sur $[0, +\infty[\times\mathbb{R}$, vérifiant*

$$\{(\lambda, \mu) \in \mathbb{S} \cup \{(0, i(\alpha+1))\}/\mathcal{F}(\rho_s)(\lambda, \mu) \neq 0, \quad \forall s > 0\} = \mathbb{S} \cup \{(0, i(\alpha+1))\}.$$

Alors il existe un unique semi-groupe de convolution $(\sigma_t)_{t>0}$ sur $[0, +\infty[\times\mathbb{R}$, telle que

$$\rho_s = \int_0^{+\infty} e^{-st}\sigma_t dt.$$

Démonstration. D'après la relation (4.1), la fonction $(\lambda, \mu) \to \dfrac{1 - s\mathcal{F}(\rho_s)(\lambda, \mu)}{\mathcal{F}(\rho_s)(\lambda, \mu)}$ ne dépend pas de $s > 0$, on la note $\Psi(\lambda, \mu)$.

Soit $t > 0$, fixé. Posons pour $n \geq 1$

$$\Phi_n(\lambda, \mu) = \mathcal{F}(\rho_n)(\lambda, \mu), \quad (\lambda, \mu) \in \mathbb{S} \cup \{(0, i(\alpha + 1))\}.$$

D'après le lemme 4.2, il existe une mesure positive $\mu_{t,n}$ sur $[0, +\infty[\times \mathbb{R}$ telle que

$$\mathcal{F}(\mu_{t,n})(\lambda, \mu) = e^{-t[\Phi_n(0, i(\alpha+1)) - \Phi_n(\lambda, \mu)]}. \tag{4.2}$$

Or pour $n \geq 1$, on a

$$n\Phi_n(\lambda, \mu)\Psi(\lambda, \mu) = n(1 - n\Phi_n(\lambda, \mu)),$$

d'où

$$e^{-nt\Phi_n(\lambda, \mu)\Psi(\lambda, \mu)} = e^{-nt[n\Phi_n(0, i(\alpha+1)) - n\Phi_n(\lambda, \mu)]} e^{-tn[1 - n\Phi_n(0, i(\alpha+1))]}, \tag{4.3}$$

mais

$$1 - n\Phi_n(0, i(\alpha + 1)) = 1 - n\rho_n([0, +\infty[\times \mathbb{R}) \geq 0,$$

et

$$\mathcal{F}(\delta_{(0,0)})(\lambda, \mu) = 1, \quad (\lambda, \mu) \in \mathbb{S} \cup \{(0, i(\alpha + 1))\}. \tag{4.4}$$

Posons

$$\sigma_{t,n} = e^{-tn(1 - n\Phi_n(0, i(\alpha+1)))} \delta_{(0,0)} * \mu_{t,n}^{*n^2}.$$

En utlisant les relations (4.2), (4.3) et (4.4), on déduit que

$$\mathcal{F}(\sigma_{t,n})(\lambda, \mu) == e^{-(tn\Phi_n(\lambda, \mu)\Psi(\lambda, \mu))}, \quad (\lambda, \mu) \in \mathbb{S} \cup \{(0, i(\alpha + 1))\}. \tag{4.5}$$

D'autre part d'aprés la relation (4.1), on obtient

$$\Phi_n(\lambda, \mu) - \Phi_1(\lambda, \mu) = (1 - n)\Phi_n(\lambda, \mu)\Phi_1(\lambda, \mu),$$

soit encore

$$\Phi_n(\lambda, \mu) = \frac{\Phi_1(\lambda, \mu)}{1 + (n - 1)\Phi_1(\lambda, \mu)},$$

par suite

$$\lim_{n \to +\infty} n\Phi_n(\lambda, \mu) = 1. \tag{4.6}$$

En utilisant les relations (4.5) et (4.6), on déduit que

$$\lim_{n \to +\infty} \mathcal{F}(\sigma_{t,n})(\lambda, \mu) = e^{-t\Psi(\lambda, \mu)}$$

d'aprés le théorème 4.1, il existe une mesure positive bornée σ_t sur $[0, +\infty[\times \mathbb{R}$ telle que

$$\mathcal{F}(\sigma_t)(\lambda, \mu) = e^{-t\Psi(\lambda, \mu)}, \quad (\lambda, \mu) \in \mathbb{S} \cup \{(0, i(\alpha + 1))\}. \tag{4.7}$$

D'où pour tous $t, s > 0$, on a

$$\mathcal{F}(\sigma_t)\mathcal{F}(\sigma_s) = \mathcal{F}(\sigma_{t+s})$$

par suite d'aprés la proposition 4.3, on a

$$\sigma_t * \sigma_s = \sigma_{t+s}.$$

De la relation (4.7), on déduit que l'application $t \to \mathcal{F}(\sigma_t)$ est continue, par suite l'application $t \to \sigma_t$ est vaguement continue.

D'autre part

$$\mathcal{F}(\sigma_t)(0, i(\alpha + 1)) = e^{-t\Psi(0, i(\alpha+1))},$$

or d'aprés la relation (4.1), on a

$$\Psi(0, i(\alpha+1)) = \frac{1 - s\rho_s([0, +\infty[\times\mathbb{R})}{\rho_s([0, +\infty[\times\mathbb{R})} \geq 0,$$

par conséquent

$$\mathcal{F}(\sigma_t)(0, i(\alpha+1)) = \sigma_t([0, +\infty[\times\mathbb{R}) \leq 1.$$

Ainsi $(\sigma_t)_{t\geq 0}$ est un semi-groupe de convolution sur $[0, +\infty[\times\mathbb{R}$ et $(\sigma_s)_{s>0}$ est la famille de mesures résolvantes associée.

D'où le résultat. $\qquad\square$

Notation. On désigne par $\mathcal{C}_c^+([0, +\infty[\times\mathbb{R})$ l'espace des fonctions continues positives sur $[0, +\infty[\times\mathbb{R}$ à support compact.

Soient $(\sigma_t)_{t\geq 0}$ un semi-groupe de convolution sur $[0, +\infty[\times\mathbb{R}$ et $(\rho_s)_{s>0}$ la famille de mesures résolvantes associée. Alors pour tout $f \in \mathcal{C}_c^+([0, +\infty[\times\mathbb{R})$, on a

$$\lim_{s\to 0} \rho_s(f) \leq +\infty.$$

Définition 4.2   *i) Le semi-groupe $(\sigma_t)_{t\geq 0}$ est dit transient si*

$$\lim_{s\to 0} \rho_s(f) < +\infty.$$

ii) Le semi-groupe $(\sigma_t)_{t\geq 0}$ est dit recurrent si

$$\lim_{s\to 0} \rho_s(f) = +\infty.$$

Notations.
a) On désigne par $\mathcal{C}_b([0, +\infty[\times\mathbb{R})$ l'espace des fonctions continues, bornées sur $[0, +\infty[\times\mathbb{R}$.
b) • Pour $f \in \mathcal{C}_b([0, +\infty[\times\mathbb{R})$, on pose

$$\tilde{f}(y, \theta) = f(y, -\theta), \quad (y, \theta) \in [0, +\infty[\times\mathbb{R}.$$

• Pour $\sigma \in \mathcal{M}_b([0, +\infty[\times\mathbb{R})$, on pose

$$\tilde{\sigma}(f) = \sigma(\tilde{f}), \quad f \in \mathcal{C}_b([0, +\infty[\times\mathbb{R}). \tag{4.8}$$

Remarques.
i) Pour $f \in \mathcal{D}_*(\mathbb{R}^2$, on a

$$\mathcal{F}(\tilde{f}) = \overline{\mathcal{F}(f)}. \tag{4.9}$$

ii) Pour $\sigma \in \mathcal{M}_b([0, +\infty[\times\mathbb{R})$, on a

$$\mathcal{F}(\tilde{\sigma}) = \overline{\mathcal{F}(\sigma)}. \tag{4.10}$$

Définition 4.3 *Soit $\sigma \in \mathcal{M}_b([0, +\infty[\times\mathbb{R})$. La mesure σ est dite symétrique si*

$$\sigma = \tilde{\sigma}.$$

Soit $(\sigma_t)_{t\geq 0}$ un semi-groupe de convolution de mesures positives, bornées et symétriques sur $[0, +\infty[\times\mathbb{R}$. Soit Ψ la fonction qui lui est associée par le théorème 3.2, alors d'après la relation (4.10) la fonction Ψ est réelle. D'apés le lemme 3.3, on déduit que

$$\Psi(\lambda, \mu) \geq 0, \quad (\lambda, \mu) \in \mathbb{S} \cup \{(0, i(\alpha+1))\}. \tag{4.11}$$

Théorème 4.2 *Tout semi-groupe de convolution de mesures positives bornées et symétriques sur* $[0, +\infty[\times\mathbb{R}$*, non trivial est transient.*

Démonstration. Soit $(\sigma_t)_{t\geq 0}$ un semi-groupe de convolution de mesures positives, bornées et symétriques sur $[0, +\infty[\times\mathbb{R}$ et $(\rho_s)_{s>0}$ la famille de mesures résolvantes associée.
Pour $f \in \mathcal{D}_*(\mathbb{R}^2)$, on a

$$\rho_s(f) = \int_0^{+\infty} \left(\int_0^{+\infty} \int_{\mathbb{R}} e^{-st} f(y, \theta) d\sigma_t(y, \theta) \right) dt.$$

Du théorème 1.6 et du théorème de Fubini, on obtient

$$\rho_s(f) = \int_0^{+\infty} \frac{\mathcal{F}(\lambda, \mu)}{s + \Psi(\lambda, \mu)} d\gamma(\lambda, \mu).$$

Si Ψ n'est pas identiquement nulle c'est à dire que le semi-groupe de convolution n'est pas trivial, alors

$$\lim_{\|(\lambda,\mu)\| \to +\infty} \Psi(\lambda, \mu) \geq 0,$$

et comme Ψ ne s'annule qu'au point $(0, i(\alpha + 1))$ qui n'appartient pas à S, alors du théorème de la convergence dominée, on déduit que $\dfrac{\mathcal{F}(f)}{\Psi}$ est intégrable par rapport à la mesure γ.
Alors pour tout $f \in \mathcal{D}_*(\mathbb{R}^2)$, on a

$$\lim_{s \to 0} \rho_s(f * \tilde{f}) = \int_S \frac{|\mathcal{F}(f)(\lambda, \mu)|^2}{\Psi(\lambda, \mu)} d\gamma(\lambda, \mu) < +\infty.$$

Or $\{f * \tilde{f}/f \in \mathcal{D}_*(\mathbb{R}^2)\}$ est dense dans $\mathcal{D}_*(\mathbb{R}^2$, il en résulte que toute fonction $f \in \mathcal{C}_c^+([0, +\infty[\times\mathbb{R})$ est majorée par une combinaison linéaire finie de fonctions du type précédent, d'où

$$\lim_{s \to 0} \rho_s(f) < +\infty, \quad f \in \mathcal{C}_c^+([0, +\infty[\times\mathbb{R}).$$

Ce qui montre le résultat. $\qquad\qquad\qquad\qquad\qquad\qquad\qquad\qquad\qquad\qquad\square$

4.2 Probabilités indéfiniment divisibles

Définition 4.4 *Une mesure σ de $\mathcal{M}_0([0, \infty[\times\mathbb{R})$ est dite indéfinement divisible si, pour tout $m \geq 1$, il existe une mesure σ_m dans $\mathcal{M}_0([0, +\infty[\times\mathbb{R})$ vérifiant :*

$$\sigma = \underbrace{\sigma_m * ... * \sigma_m}_{m fois} = \sigma_m^{*m}$$

Proposition 4.2 *Soit σ une mesure de $\mathcal{M}_1([0, +\infty[\times\mathbb{R})$ indéfiniment divisible, alors pour tout $(\lambda, \mu) \in \mathbb{S} \cup \{(0, +i(\alpha + 1))\}$, on a*
i) $\mathcal{F}(\sigma)(\lambda, \mu) \# 0$
ii) $\mathcal{F}(\sigma_m)(\lambda, \mu) = \{\mathcal{F}(\sigma)(\lambda, \mu)\}^{1/m}$

Démonstration.
i) Soit σ dans $\mathcal{M}_1[0, +\infty[\times\mathbb{R})$ indéfiniment divisible alors on a

$$\mathcal{F}(\sigma * \tilde{\sigma}) = |\mathcal{F}(\sigma)|^2$$

donc on peut supposer que $\mathcal{F}(\sigma)$ est à valeurs réelles.

Soit σ_m la mesure associée à σ, par la définition 4.4.

Pour tout $(\lambda, \mu) \in \mathbb{S} \cup \{(0, i(\alpha+1))\}$, on a

$$0 \le (\mathcal{F}(\sigma_m)(\lambda, \mu))^2 = (\mathcal{F}(\sigma)(\lambda, \mu))^{2/m} \xrightarrow[m \to +\infty]{} f(\lambda, \mu)$$

avec

$$f(\lambda, \mu) = \begin{cases} 1, & \text{si } \mathcal{F}(\sigma)(\lambda, \mu) \ne 0 \\ 0, & \text{sinon} \end{cases}$$

d'où

$$\lim_{m \to +\infty} \mathcal{F}(\sigma_m * \sigma_m)(\lambda, \mu) = f(\lambda, \mu), \quad (\lambda, \mu) \in \mathbb{S} \cup \{(0, i(\alpha+1))\}.$$

D'après le théorème de Lévy, il existe une mesure ν de $\mathcal{M}_1([0, +\infty[\times\mathbb{R})$ telle que

$$\mathcal{F}(\nu)(\lambda, \mu) = f(\lambda, \mu), \gamma \ p.p.$$

D'après le i) de la proposition 4.2 et le fait que

$$\mathcal{F}(\nu)(0, i(\alpha+1)) = 1$$

on a

$$f(\lambda, \mu) = 1, \text{ pour tout } (\lambda, \mu) \in \mathbb{S} \cup \{(0, i(\alpha+1))\},$$

d'où

$$\mathcal{F}(\sigma)(\lambda, \mu) \ne 0, (\lambda, \mu) \in \mathbb{S} \cup \{(0, i(\alpha))\}.$$

ii) Soient $\sigma \in M_1([0, +\infty[\times\mathbb{R}$ et $\sigma_m \in M_1([0, +\infty[\times\mathbb{R})$, telles que

$$\sigma = \sigma_m^{*m}$$

d'après le i) précédent, pour tout $(\lambda, \mu) \in \mathbb{S} \cup \{(0, i(\alpha+1))\}$

$$\mathcal{F}(\sigma)(\lambda, \mu) \ne 0$$

en écrivant

$$\mathcal{F}(\sigma)(\lambda, \mu) = |\mathcal{F}(\sigma)(\lambda, \mu)|e^{ik(\lambda, \mu)}, \quad -\pi < k(\lambda, \mu) \le \pi$$

et

$$\mathcal{F}(\sigma_m)(\lambda, \mu) = |\mathcal{F}(\sigma_m)(\lambda, \mu)|e^{ik_m(\lambda, \mu)}, \quad -\pi < k_m(\lambda, \mu) \le \pi$$

on en déduit qu'il existe $\beta_m : \mathbb{S} \cup \{(0, i(\alpha+1)\} \to \mathbb{Z}$, telle que

$$k_m(\lambda, \mu) = \frac{1}{m} k(\lambda, \mu) + \frac{2\pi}{m} \beta_m(\lambda, \mu)$$

les fonctions k_m et k étant continues et vérifient

$$k(0, i(\alpha+1)) = k_m(0, i(\alpha+1)) = 1.$$

Alors $\beta_m \equiv 0$ par suite, pour tout $(\lambda, \mu) \in \mathbb{S} \cup \{(0, i(\alpha+1)\}$, on a

$$\mathcal{F}(\sigma_m)(\lambda, \mu) = (\mathcal{F}(\sigma)(\lambda, \mu))^{1/m}.$$

$\square$

Proposition 4.3 *Soient σ dans $\mathcal{M}_1([0, +\infty[\times\mathbb{R})$ indéfiniment divisible et $t \ge 0$, alors il existe σ_t dans $M_0([0, +\infty[\times\mathbb{R})$ telle que*

$$\mathcal{F}(\sigma_t)(\lambda, \mu) = (\mathcal{F}(\sigma)(\lambda, \mu))^t, \quad (\lambda, \mu) \in \mathbb{S} \cup \{(0, i(\alpha+1))\}.$$

Démonstration. Pour tout $m \geq 1$, il existe une mesure σ_m dans $M_1([0, +\infty[\times\mathbb{R})$ telle que :

$$\sigma =^{\#} m_{\sigma_m}$$

d'après la proposition 4.1, on a

$$\mathcal{F}(\sigma)(\lambda, \mu) = (\mathcal{F}(\sigma)(\lambda, \mu))^{1/m}, \quad (\lambda, \mu) \in \mathbb{S} \cup \{(0, i(\alpha + 1))\},$$

d'où pour tout $(\lambda, \mu) \in \mathbb{S} \cup \{(0, i(\alpha))\}$, on a

$$m[\mathcal{F}(\sigma)(\lambda, \mu))^{1/m} - 1] = m[\mathcal{F}(\sigma_m)(\lambda, \mu) - 1] \tag{4.12}$$

d'où

$$\lim_{m \to +\infty} m[\mathcal{F}(\sigma_m)(\lambda, \mu) - 1] = \log \mathcal{F}(\sigma)(\lambda, \mu).$$

D'autre part, on a

$$\log(\mathcal{F}(\sigma)(\lambda, \mu)) = m \log(1 - d_m(\lambda, \mu))$$

avec

$$d_m(\lambda, \mu) = 1 - \mathcal{F}(\sigma_m)(\lambda, \mu)$$

par suite

$$\log(\mathcal{F}(\sigma)(\lambda, \mu)) = -m d_m(\lambda, \mu) - m \sum_{\ell=2}^{+\infty} \frac{(d_m(\lambda, \mu))^\ell}{\ell} \tag{4.13}$$

Des relations (4.12) et (4.13), on en déduit que

$$\lim_{m \to \infty} m \sum_{\ell=2}^{+\infty} \frac{(d_m(\lambda, \mu))^\ell}{\ell} = 0.$$

Soit $\tau_m = m\sigma_m$ on obtient

$$
\begin{aligned}
m d_m(\lambda, \mu) &= m\left(1 - \int_0^{+\infty} \int_{\mathbb{R}} \varphi_{-\lambda, \mu}(y, \theta) d\sigma_m(y, \theta)\right) \\
&= m\left(\int_0^{+\infty} \int_{\mathbb{R}} (y, \theta))(1 - \varphi_{-\lambda, \mu}(y, \theta)) d\sigma_m(y, \theta)\right) \\
&= \int_0^{+\infty} \int_{\mathbb{R}} (1 - \varphi_{-\lambda, \mu}(y, \theta)) d\tau_m(y, \theta)
\end{aligned}
$$

En appliquant de nouveau le théorème 4.1, il existe une mesure σ_t dans $\mathcal{M}_0([0, +\infty[\times\mathbb{R})$ telle que

$$\mathcal{F}(\sigma_t)(\lambda, \mu) = (\mathcal{F}(\sigma)(\lambda, \mu))^t, \quad (\lambda, \mu) \in \mathbb{S} \cup \{(0, i(\alpha + 1))\}.$$

$\square$

Théorème 4.3 *Une mesure σ dans $\mathcal{M}_([0, +\infty[\times\mathbb{R})$ est indéfiniment divisible si et seulement si pour tout $t \geq 0$, on a*

$$(\mathcal{F}(\sigma)(\lambda, \mu))^t = \exp(-t\Psi(\lambda, \mu)), \ \text{pour tout } (\lambda, \mu) \in \mathbb{S} \cup \{(0, i(\alpha 1))\},$$

avec Ψ la fonction donnée par le théorème 3.2, vérifiant

$$\Psi(0, i(\alpha + 1)) = 0.$$

Démonstration.

i) Supposons que σ est indéfiniment divisible, d'après la proposition 4.3, il existe une famille $(\sigma_t)_{t \geq 0}$ de mesures positives, telle que pour tout $t \geq 0$ et $(\lambda, \mu) \in \mathbb{S} \cup \{(0, i(\alpha + 1))\}$, on a :

$$\mathcal{F}(\sigma_t)(\lambda, \mu) = (\mathcal{F}(\sigma)(\lambda, \mu))^t$$

la famille $(\sigma_t)_{t \geq 0}$ est un semi-groupe de convolution. Alors d'après le théorème 3.2, il existe une fonction $\Psi : \mathbb{S} \cup \{(0, i(\alpha + 1))\} \to \mathbb{C}$, telle que

$$\mathcal{F}(\sigma_t)(\lambda, \mu) = \exp(-t\Psi(\lambda, \mu)).$$

Comme

$$\mathcal{F}(\sigma_t)(0, i(\alpha + 1)) = 1$$

on déduit que

$$\Psi(0, i(\alpha + 1)) = 0.$$

ii) Soit $\sigma \in \mathcal{M}_1([0, +\infty[\times \mathbb{R})$, on suppose qu'il existe une fonction Ψ, dont la forme est donnée par le théorème 3.2, vérifiant

$$(\mathcal{F}(\sigma(\lambda, \mu))^t = \exp(-t\Psi(\lambda, \mu)), \quad (\lambda, \mu) \in S \cup \{(0, i(\alpha + 1))\}.$$

Considérons pour $m \geq 0$, le mesure σ_m dans $\mathcal{M}_1([0, +\infty[\times \mathbb{R})$, telle que

$$\mathcal{F}(\sigma_m)(\lambda, \mu) = \exp(-\frac{1}{m}\Psi(\lambda, \mu)), \quad (\lambda, \mu) \in \mathbb{S} \cup \{(0, i(\alpha + 1))\}$$

alors

$$(\mathcal{F}(\sigma_m)(\lambda, \mu))^m = \exp(-\Psi(\lambda, \mu)) = \mathcal{F}(\sigma)(\lambda, \mu)$$

par suite

$$\sigma = \sigma_m{}^{*m}$$

d'où le résultat.

$\square$

Remarque. Un résultat analogue au théorème 4.3 a été établi par K. Trimèche [24] sur la demi-droite et par R. Gangolli [14] sur les espaces symétriques.

Bibliographie

[1] **Achour, A.** *Opérateurs de translation et g-fonction de Littlewood-Paley associés à des opérateurs de Sturn-Liouville.* Thèse de Doctorat Es-Sciences Mathématiques, Département de Mathématiques, Faculté des Sciences de Tunis, 1983.

[2] **Achour, A. ; Trimèche, K.** *La g-fonction de Littlewood-Paley associée à un opérateur différentiel singulier sur* $(0, \infty)$. Ann. Inst. Fourier (Grenoble) 33 (1983), no. 4, 203–226.

[3] **Annabi, H. ; Trimèche, K.** *Convolution généralisée sur le disque unité.* C. R. Acad. Sci. Paris Sér. A 278 (1974), 21–24.

[4] **Ben Salem, N. ; Lazhari, M. N.** *Limit theorems for some hypergroup structures on* $\mathbb{R}^n \times [0, \infty)$. Applications of hypergroups and related measure algebras (Seattle, WA, 1993), 1–13, Contemp. Math., 183, Amer. Math. Soc., Providence, RI, 1995.

[5] **Berg, C.** *Dirichlet forms on symmetric spaces.* Ann. Inst. Fourier (Grenoble) 23 (1973), no. 1, 135–156.

[6] Bloom, Walter R. ; Heyer, Herbert. *Convolution semigroups and resolvent families of measures on hypergroups.* Math. Z. 188 (1985), no. 4, 449–474.

[7] **Chébli, H.** *Positivité des opérateurs de translation généralisée associés à un opérateur de Sturn-Liouville et quelques applications à l'analyse harmonique.* Thèse de Doctorat Es-Sciences Mathématiques, Université de Louis-Pasteur Strasbourg, 1974.

[8] **Coddington, E. A. ; Levinson, N.** *Theory of ordinary differential equations.* New York, Toronto, London, McGraw Hill, 1955.

[9] **Erdéley, Y. et Al.** *Higher transcendental functions,* Vol. 1. New York, Toronto, London, McGraw Hill, 1953.

[10] **Flensted-Jensen, M.** *Spherical functions on a simply connected semisimple Lie group.* II. The Paley-Wiener theorem for the rank one case. Math. Ann. 228 (1977), no. 1, 65–92.

[11] **Flensted-Jensen, M. ; Koornwinder, T.** *The convolution structure for Jacobi function expansions.* Ark. Mat. 11, (1973), 245–262.

[12] **Gallardo, L.** *Exemples d'hypergroupes transients.* Probability measures on groups, VIII (Oberwolfach, 1985), 68–76, Lecture Notes in Math., 1210, Springer, Berlin, 1986.

[13] **Gallardo, L. ; Gebuhrer, O.** *Marches aléatoires et hypergroupes.* Exposition. Math. 5 (1987), no. 1, 41–73.

[14] **Gangolli, R.** *Isotropic infinitely divisible measures on symmetric spaces.* Acta Math. 111 1964 213–246.

[15] **Helgason, S.** *Differential geometry and symmetric spaces.* Pure and Applied Mathematics, Vol. XII. Academic Press, New York-London 1962 xiv+486 pp.

[16] **Heyer, H.** *Probability theory on hypergroups : a survey.* Probability measures on groups, VII (Oberwolfach, 1983), 481–550, Lecture Notes in Math., 1064, Springer, Berlin, 1984.

[17] **Koornwinder, T.** *A new proof of a Paley-Wiener type theorem for the Jacobi transform.* Ark. Mat. 13 (1975), 145–159.

[18] **Schoenberg, I. J.** *Metrics spaces, and positive definite functions.* Tans. Amer. Math. Soc. 44, (1983), 522–536.

[19] **Sifi, M.** *Théorème de la limite centrale, formule de Lévy-Kintchine et probabilités indéfiniment divisibles pour une convolution généralisée sur* $[0, +\infty[\times \mathbb{R}$. Thèse de 3ème Cycle, Département de Mathématiques, Faculté des Sciences de Tunis, 1992.

[20] **Sifi, M.** *Central limit theorem and infinitely divisible probabilities associated with partial differential operators.* J. Theoret. Probab. 8 (1995), no. 3, 475–499.

[21] **Tithchmarsh, E. C.** *The theory of functions (second ed.)*, Oxford University Press, 1939.

[22] **Trimèche, K.** *Convolution généralisée sur le disque unité.* Thèse de 3ème Cycle, Faculté des Sciences de Tunis, (1974).

[23] **Trimèche, K.** Convergence des séries de Taylor généralisées au sens de Delsarte. (*French*) C. R. Acad. Sci. Paris Sér. A-B 281 (1975), no. 23, Aii, 1015–1017.

[24] **Trimèche, K.** *Probabilités indéfiniment divisibles et théorème de la limite centrale pour une convolution généralisée sur la demi-droite.* (French) C. R. Acad. Sci. Paris Sér. A-B 286 (1978), no. 1, A63–A66.

[25] **Trimèche, K.** *Opérateurs de permutation et analyse harmonique associés à des opérateurs aux dérivées partielles.* J. Math. Pures Appl. (9) 70 (1991), no. 1, 1-73.

[26] **Trimèche, K.** *Transmutation operators and mean-periodic functions associated with differential operators.* Math. Rep. 4 (1988), no. 1, i–xiv and 1–282.